U0228470

国家科学技术学术著作出版基金资助出版

电-气互联系统建模及运行优化

张勇军　陈泽兴　邓文扬　著

科 学 出 版 社

北 京

内 容 简 介

本书面向多能耦合发展的新趋势，通过对电网和天然气管网中异质能流的特性分析，研究了电网和天然气管网之间的相互作用机理和故障传播特性。本书综合绿色、低碳、经济、市场博弈等目标场景，建立了电-气互联系统（IEGS）中跨区域电-气耦合网络和电-气耦合能源中心两个主体的运行优化调度模型，并提出阻尼逐次线性化法、SAP-ADMM 等加速算法提高模型求解效率。

本书可供从事能源系统、电力系统的工程技术人员和高等院校、科研院所的研究生与科研人员参考。

图书在版编目（CIP）数据

电-气互联系统建模及运行优化 / 张勇军, 陈泽兴, 邓文扬著. —— 北京：科学出版社, 2024.11. —— ISBN 978-7-03-079744-5

Ⅰ. TM92

中国国家版本馆 CIP 数据核字第 20249378U7 号

责任编辑：郭勇斌　邓新平　郭　会 / 责任校对：王萌萌
责任印制：赵　博 / 封面设计：义和文创

科学出版社 出版
北京东黄城根北街 16 号
邮政编码：100717
http://www.sciencep.com
北京中石油彩色印刷有限责任公司印刷
科学出版社发行　各地新华书店经销
*
2024 年 11 月第　一　版　开本：787×1092　1/16
2025 年 1 月第二次印刷　印张：11 1/2　插页：2
字数：217 000

定价：108.00 元
（如有印装质量问题，我社负责调换）

前　言

在能源需求大幅度增长与环境保护日益迫切的情况下，能源转型成为了实现经济社会可持续发展的必由之路。目前，构建以可再生能源为主体的新型电力系统成为我国的重要战略部署，对未来能源转型与实现 2030 年"碳达峰"和 2060 年"碳中和"目标具有重要作用。解决新能源高比例消纳瓶颈，推进能源结构清洁化，提升终端能源利用效率，实现能源体系转型升级已提升到能源革命的国家战略。

能源系统作为能源生产、传输、利用的基本载体，是实现能源体系转型升级的重要支撑。基于信息能源基础设施一体化，智能电网与能源网相融合的多能流耦合综合能源系统被视为信息通信技术与能源技术融合的产物。其核心是打破每个供能系统单独规划设计和独立运行的现有模式，实现多种能流（电、冷/热、气等）的耦合互补。这将为转变能源发展方式，实现能源可持续发展提供可能的解决方案。在多能流耦合的多种能源形式中，天然气以安全、清洁和热值高等特性逐渐受到人们关注。近年来，随着燃气轮机联合循环的发电比重不断提升，天然气作为清洁能源在实现低碳电力中扮演着不可或缺的角色，并且由于燃气轮机具有启停快和调节灵活的特性，能有效应对可再生能源功率波动性问题，实现电网实时功率平衡调节。

传统能源系统中，天然气管网只通过燃气轮机与电网产生交互。随着电转气（P2G）技术的逐渐成熟，电网与天然气管网之间能量的双向流动成为可能。特别是在可再生能源迅速发展及节能减排压力凸显的今天，利用 P2G 技术，可以利用富余清洁电源（如风电、光电等）制取氢气，再与二氧化碳合成甲烷，注入天然气管网中。该途径除了可以为可再生能源消纳提供新的途径外，对节约能源以及保护环境都具有重要意义。因此，无论是燃气轮机还是 P2G 技术，在适应未来含大规模、间歇性可再生能源的电力系统中都将发挥着重要的作用。天然气可以短时间内存储在输气管道中，天然气管网有望成为承载可再生能源消纳的输配载体，从而缓解储能系统所增加的额外投资。电网和天然气管网耦合所构成的电-气互联系统（integrated electric power and natural gas system，IEGS）将成为综合能源系统（或是能源互联网）发展最为关键的能源供应和网络传输系统。

基于 IEGS 探索电-气能流的建模、运行、规划问题的研究方兴未艾，并且在电-气规划和管理方面做了一些尝试。例如：美国在 2007 年提出电网和天然气管网需要开展综合能源规划；2009 年澳大利亚建立了澳大利亚能源市场运营机构（Australian energy market operator）实施对电网和天然气管网的统一管理；英国的电力和天然气则是通过英国国家电网公司（NGG）进行统一运营。IEGS 区别于电网的关键特征在于存在电力流、天然气流等异质能流的转换、耦合及相互作用。尽管近年来国内外在多能流领域做了不少工作，但局限于前期探讨、个案示例等阶段，对 IEGS 的研究还没有形成完整系统理论。为保证 IEGS 的安全高效运行，实现提高综合能效和可再生能源消纳的目标，急需发展面向 IEGS 协同运行优化控制方法。概括起来，IEGS 协同优化研究存在以下关键理论和技术亟待解决：

一是电网-天然气管网深度耦合的复杂特性、相互作用机理以及不同时间尺度能流的建模问题，这是实现电-气耦合能量流的自律-协同控制的基础。

二是 IEGS 协同优化建模及高效计算的问题。优化建模中尤其是要考虑多元控制变量、多主体博弈的需求，高比例分布式能源接入的功率不确定性，以及网络运行的安全约束和经济性优化目标，同时还要兼顾提高 IEGS 协同优化模型的计算效率。

本书聚焦 IEGS 中跨区域电-气耦合网络和申-气耦合能源中心两个主体，从电网和天然气管网相互作用机理、异质能量流协同运行优化模型、求解算法等方面出发开展研究。全书共 9 章，第 1 章为绪论；第 2 章和第 3 章主要介绍了电网和天然气管网相互作用机理与特性；第 4 章至第 7 章主要介绍了跨区域电-气耦合网络优化调度建模及算法方面的研究成果，包括从经济调度到低碳调度、从阻尼逐次线性化法到分布式协同算法等；第 8 章介绍了电-气耦合能源中心的通用线性化模型及优化调度算法；第 9 章则从市场角度，构建了电-气互联系统协同运行的利益博弈模型。

本书成果得到了国家自然科学基金项目（51777077）和广东省自然科学基金项目（2017A030313304）的支持，凝聚了团队近 5 年来在综合能源优化算法领域的研究成果。在此感谢研究生苏洁莹、陈伯达、许志恒、林楷东、羿应棋、刘斯亮、张迪为本书研究成果所作的贡献。在研究过程中，还得到了李立涅院士、蔡泽祥教授、管霖教授、杨苹教授、黎灿兵教授、陈碧云副教授等的指导，在此一并表示感谢！由于编写时间及编者水平所限，书中疏漏之处在所难免，还望读者不吝赐教。

编　者

2024 年 6 月

目　录

第1章 绪　　论

1.1　电-气互联系统的基本内涵

基于燃气轮机和电转气（power to gas，P2G）设备双向耦合的电网和天然气管网是承载电-气互联系统（integrated electric power and natural gas system，IEGS）生产、消费、存储协同的重要载体，将实现电力流和天然气流的源荷平衡资源传输与分配。

从空间覆盖范围和服务对象来看，IEGS 可以划分为跨区域的电-气耦合网络（integrated electric power and natural gas network，IEGN）以及电-气耦合能源中心（electricity-gas coupled energy centre，EGC-EC）。IEGN 由跨区域的电力传输网络和天然气传输管网组成，主要服务于集中式、规模化的电源（包括可再生能源）和气源接入，实现跨区域能源资源的优化配置[1]。而 EGC-EC 则是以 IEGN 为上级能源支撑，主要实现局部区域内多能源的消费以及可再生能源的消纳。EGC-EC 可认为是 IEGN 广义的能源负荷节点，或是一个"虚拟能源站"，实现了多能流的耦合优化分配并传输给下级能源系统。多个 EGC-EC 间相互独立，并通过 IEGN 实现互联。含 IEGN 和 EGC-EC 两层级的 IEGS 结构示意如图 1-1 所示。

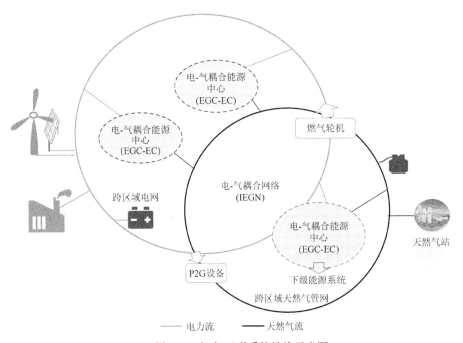

图 1-1　电-气互联系统结构示意图

IEGS 不再侧重于单一能源的主导作用，而更加关注多能流耦合带来的互补互济和协同效应。在可再生能源消纳需求增长，节能提效需求迫切的背景下，电网与天然气管网耦合的优势在于[2]：

（1）实现可再生能源的高比例消纳。相比较于电网，天然气在管网中流动较慢，可以短暂地存储在天然气管网中，呈现天然的存储作用。借助 P2G 将可再生能源电力转为天然气，能为可再生能源消纳提供新的手段，从而突破可再生能源电力消纳能力的瓶颈，提高可再生能源消纳比例。

（2）提升综合能源利用效率。IEGS 中电力-天然气的能量流运行优化本身就是一个能量转移、协同互补的过程，通过耦合能量流优化进一步促进削峰填谷，提高能源系统的控制裕度，以多能互补的方式提升综合能源利用效率。

（3）增强能源供给的可靠性。相比单一能源网络的独立运行，在任一能源网络发生故障时，IEGS 通过能量转换装置，在不同的能量流之间实现供能互济，从而提升系统供能的可靠性。

1.1.1 电-气耦合网络

如图 1-1 所示，本书所指的电-气耦合网络（IEGN）主要指跨区域的电网和天然气管网耦合的能源传输载体。该能源网络载体实现规模化的电源（集中式可再生能源）和天然气气源接入，并通过跨区域的能源网络将能源传输给大型负荷或者是下级电-气耦合能源中心（EGC-EC）。而电网与天然气管网通过燃气轮机和 P2G 设备实现双向耦合。

天然气管网类似于电网，两个网络均将能源生产和消费连接为一体。两者主要区别在于传输介质不同，而由此带来的能源传输特性也不尽相同。电网和天然气管网主要传输特性对比如表 1-1 所示[3]。

表 1-1　电网和天然气管网主要传输特性对比

环节	电网	天然气管网
网络元件	变压器、输电线路（架空线/电缆）、开关	输气管道、压缩机、调节阀
传输速度	传输速度快，近似光速	传输具有时延，传输速度与气压相关
传输损耗	理论线损 5%～10% 管理线损（人为因素）	管输损耗主因：泄漏、其他人为因素 压缩机损耗
储存能力	不可充当存储媒介 需利用抽水蓄能、电池储能等	天然气管网可充当存储媒介 储气罐

续表

环节	电网	天然气管网
传输成本	较低	管道或交通形式，较高
存在调控问题	峰谷差调节、调频	调峰问题、气源均匀供气与用户不均匀用气的衔接

由于电能在电网中的传输接近光速，因此电能的生产和消费需要满足实时平衡，电能无法在电网中进行储存。若要储存电能则需将其转换成其他形式的能，如机械能、化学能等，储存后待释放。相比之下，天然气在输气管道中的传输以气体形式，流动速度偏慢，输气管道可以实现天然气的规模化储存。而电网与天然气管网的耦合，通过能源转换技术实现异质能量流的连接，将耦合成一个复杂的能源传输网络。

1.1.2 电-气耦合能源中心

如图 1-1 所示，电-气耦合能源中心（EGC-EC）以 IEGN 为上级能源支撑，集合区域内变电站、能源站、储能站、新能源发电基地等建立起多能源传输的桥梁，实现局部区域内多能源的消费以及可再生能源的消纳。

EGC-EC 可认为是 IEGN 的广义能源负荷节点，或是一个"虚拟能源站"，主要实现电-气混合能量流从 IEGN 到下一级区域的传输和分配。EGC-EC 主要由三部分组成，即与上级能源系统的能源交互环节、EGC-EC 内的能源交换（包括能源传输、能源转换设备、能源存储设备等）环节和能源负荷需求环节。EGC-EC 的抽象结构如图 1-2 所示。

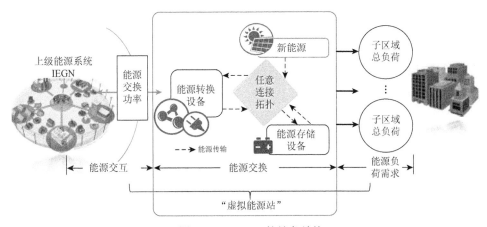

图 1-2 EGC-EC 的抽象结构

图 1-2 中，能源交换功率即为 IEGN 广义的电-气负荷需求，与能源交换环节中多种设备的运行状态、负荷侧的需求相关。

1.2　电转气技术研究进展

电转气技术作为电网和天然气管网耦合的新型技术，因其具有绿色环保的特性受到广泛关注，近年来发展迅速，并开展了多项工程示范。P2G 技术示意图如图 1-3 所示。

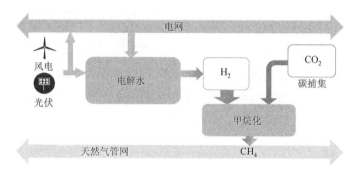

图 1-3　P2G 技术示意图

如图 1-3 所示，P2G 技术一般通过以下两个步骤实现：第 1 步消耗电能对水进行电解产生氢气，第 2 步通过催化反应使得电解的氢气甲烷化，从而得到天然气[4]。所涉及两个阶段化学方程式为

$$\begin{cases} H_2O(l) \xrightarrow{\ e\ } H_2(g) + \dfrac{1}{2}O_2(g) \\ 4H_2(g) + CO_2(g) \longrightarrow CH_4(g) + 2H_2O(l) \end{cases} \tag{1-1}$$

第 1 步中，通过电解水产生氢气和氧气。该过程是一种能量转换的过程，即将电能转换为氢能的过程。常见的电解水技术有碱性水电解（alkaline water electrolysis，AWE）、质子交换膜电解（proton exchange membrane electrolysis，PEME）、固态氧化物电解池（solid oxide electrolysis cell，SOEC）、高温电解水（high temperature electrolysis，HTE）等[5]。AWE 制氢是最成熟、成本低的大规模制氢技术，所制氢气和氧气的纯度一般可达 99.9%，而 SOEC 制氢成本较高、规模较小。PEME 使用固体聚合物膜代替传统的电解质，相比 AWE 具有响应速度快、宽偏载范围等优势，但其耐久性需要在实践中进一步测试。HTE 制氢的工作温度为 800～950℃，高温在提高电解效率的同时也限制了电解池关键材料的选择，高温环境对材料、密封和装配提出了更高的技术要求。

第 2 步甲烷化，则主要包括化学甲烷化（chemical methanation，CM）和生物甲烷化（bio-methanation，BM）两种技术手段。现阶段，以 CM 为主的甲烷化技术转换效率高，拥有极佳的规模经济效益，已商业化推广应用。

电解水和甲烷化采用不同技术的特性对比如表 1-2 所示[6]。

表 1-2 电解水和甲烷化采用不同技术的特性对比

技术		效率/%	成本/(欧元/kW)	使用寿命/h	容量级别	技术成熟度
电解水	AWE	55~67	800~1 500	90 000	MW 级	商业化应用
	PEME	60~70	1 500~3 000	50 000	MW 级	商业化应用
	SOEC	90~95	>1 500	—	kW 级	商业化准备阶段
	HTE	50~90	900~5 000	—	kW 级	商业化准备阶段
甲烷化	CM	70~85	500~1 500	24 000	MW 级	商业化应用
	BM	95~100	500~800	—	kW 级	商业化准备阶段

由表 1-2 可知，在当前技术条件下，AWE 比 PEME 更适于规模化应用。BM 虽然具有较高的效率和较低的投资成本，但其自身的技术条件决定了更适于建造小规模容量的 P2G 工程，大规模容量的 P2G 工程宜采用 CM 作为甲烷化技术手段。

从能量流途径看，P2G 的电力来源可以是常规发电机组或是风能、光伏等可再生能源，并将其转化为天然气注入天然气管道。因此，P2G 可视为消纳可再生能源的一种新途径。利用天然气管网实现可再生能源的大规模存储已逐渐受到关注，目前已有多项示范工程[6]。在德国，目前已有 20 多家的研究和试点设备用于实现和开发。这些项目有不同的重点和目标。如：德国大型电力公司莱茵集团（RWE）于 2015 年投运高效率电转气（P2G）设备，利用光伏、风力等可再生能源产生的剩余电力制氢、甲烷等气体；意昂（E.ON）公司在德国东部的法尔肯哈根（Falkenhagen）启动了 2 MW 的 P2G 装置，实现了 P2G 技术的示范应用；德国开展的 WOMBAT 项目中，建造了 6 MW 的 P2G 装置，利用可再生能源产生的剩余电力来产生氢气，并与沼气中的二氧化碳合成天然气，提高了绿色能源和沼气二氧化碳的利用效率。此外，法国开展 Jupiter 1000 项目，在滨海福斯（Fos-sur-Mer）建造了额定功率为 1 MW 的 P2G 电厂，实现电力与天然气输送管道的连接。能源储存和清洁燃料公司 ITM Power 基于其独特的自增压快速响应 PEME 电解槽设计，为图加集团的一个项目提供一个 360 kW 电力到天然气的能源储存。Electrochaea 公司在哥本哈根建成名为 BioCat 的 P2G 示范项目，为丹麦的天然气销售带来收入，并降低电力工业带来的碳排放。

总体来看，目前对 P2G 技术的研究及工程建设主要集结在欧洲，并以德国开展项目总量居多，主要用于过剩可再生能源的消纳。我国对 P2G 技术的研究尚在起步阶段，并且重点仍在制氢阶段，各项技术亟待发展。随着节能减排观念不断深入及技术的发展，P2G 技术有望得到规模化的应用。

1.3　天然气管网建模研究进展

区别于电力在输电线路中几乎瞬间传播的特性，天然气在管网中的流动较缓。但在建模方法上，两者均可统一为网络基本建模理论。而相比于电网的建模思路，天然气管网模型中所含元件也可以简化为支路和节点两类，以节点类型、支路类型、状态量、满足条件为关键表征量。电网与天然气管网模型的差异性对比如表1-3所示，而进一步可以通过节点状态量、支路状态量以及节点-支路关联关系对天然气管网拓扑进行描述。

表1-3中可见，电网输电线路和含变压器支路可以分别与天然气输气管道和含压缩机支路相类比；而节点电压和支路传输电流/有功功率/无功功率可以分别与天然气节点气压和支路流量进行类比。电网建模中，还需基于欧姆定律和能量损耗公式建立节点电压与支路传输功率之间的关系。类似地，为研究输气管道中两端压力和在管道流动气体流量之间的关系，现有文献研究常将天然气在管道内流动的过程视为等温流动的过程，并基于气体流动连续性方程、运动方程和状态方程，推导出天然气在输气管道流动中各状态量的暂态关系。取一小段微元（Δx），即如图1-4所示的输气管道模型，用微分方程描述各状态量关系，如式（1-2）所示。

表 1-3　电网和天然气管网模型的差异性对比

分类	电网	天然气管网
节点类型	平衡节点 PQ 节点 PV 节点	恒气压节点 恒流量节点
支路类型	输电线路 含变压器支路	输气管道 含压缩机支路
状态量	节点电压 支路传输电流/有功功率/无功功率	节点气压 支路流量
满足条件	基尔霍夫电压/电流定律	节点流量平衡

图 1-4　输气管道模型示意图

$$\begin{cases} \dfrac{\partial f}{\partial x} + \dfrac{\pi}{4} \dfrac{D^2}{RTZ\rho_0} \dfrac{\partial \pi}{\partial t} = 0 \\[3mm] f|f| + \left(\dfrac{\pi}{4}\right)^2 \dfrac{D^5}{\mu RTZ\rho_0{}^2} \dfrac{\partial \pi^2}{\partial x} = 0 \end{cases} \quad (1\text{-}2)$$

式（1-2）各变量相关含义解释如表 1-4 所示。此外，表 1-4 还总结了现有文献对式（1-2）常采用的不同单位制。

表 1-4　输气管道模型的变量解释及单位制

变量	含义	单位（国标）	单位（英国）
π	节点气压	kPa	psi[①]
f	管道流量	m^3/d	ft^3/d[②]
x	管道微元（位置）	km	mile[③]
D	管道内径	mm	in[④]
R	摩尔气体常数	$m^3 \times kPa/(K \times kg)$	$mile^3 \times psi/(K \times lb$[⑤]$)$
T	气体平均温度	K	K
Z	气体压缩因子	—	—
t	时间	s	s
μ	摩擦系数	—	—
ρ_0	标况下气体密度	kg/m^3	lb/ft^3[⑥]

注：① 1 psi = 6.894 76×10³ Pa
　　② 1 ft³/d = 2.831 685×10⁻² m³/d
　　③ 1 mile = 1.609 344 km
　　④ 1 in = 25.4 mm
　　⑤ 1 lb = 0.453 592 kg
　　⑥ 1 lb/ft³ = 16.02 kg/m³

表 1-4 中，π 和 f 为关注的状态量，即节点气压和管道流量，均与时间 t、流经管道位置 x 相关。其余参数为常量。

为对式（1-2）所描述的暂态模型进行简化，现有研究主要采用隐式有限差分法对该模型进行离散化[7]，建立输气管道模型静动态方程，主流的两种模型如下：

1）基于管存特性的动态模型

该模型中，对管道微元取特定的步长 L（L 可以为管道的长度），时间步长为 Δt，并定义流入和流出长度为 L 管道的天然气流量分别为 f_I 和 f_T，而相对应的流入和流出管道的节点气压分别为 π_I 和 π_T。式（1-2）经隐式有限差分法推导可近似获得

$$\begin{cases} \dfrac{f_{\mathrm{T}}-f_{\mathrm{I}}}{L}+\dfrac{\pi}{4}\dfrac{D^2}{RTZ\rho_0}\dfrac{\overline{\pi}_t-\overline{\pi}_{t-1}}{\Delta t}=0 \Rightarrow \left(f_{\mathrm{I}}-f_{\mathrm{T}}\right)\Delta t+\dfrac{\pi}{4}\dfrac{D^2}{RTZ\rho_0}\overline{\pi}_{t-1}=\dfrac{\pi}{4}\dfrac{D^2}{RTZ\rho_0}\overline{\pi}_t \\[4mm] \overline{f}\left|\overline{f}\right|+\left(\dfrac{\pi}{4}\right)^2\dfrac{D^5}{\mu RTZ\rho_0^2}\dfrac{\pi_{\mathrm{T}}^2-\pi_{\mathrm{I}}^2}{L}=0 \end{cases} \tag{1-3}$$

式中，$\overline{\pi}$ 和 $\overline{f}$ 分别表示 π_{I} 与 π_{T} 的平均值和 f_{I} 与 f_{T} 的平均值。常量项 $\pi D^2/(4RTZ\rho_0)$ 被定义为管存特性。用该模型可表示天然气传输中管道输入和输出流量的不一致，即时延特性。特别地，该模型步长取很小时实质与暂态模型等同。

2）忽略管存特性的静态模型

该模型是对式（1-3）进一步简化，忽略管存特性，认为长时间尺度下管道流入和流出流量相等，即 f_{I} 等于 f_{T}，用变量 f_{L} 表示。则式（1-3）剩一项，该项即为输气管道模型常见的威莫斯（Weymouth）公式，如式（1-4）所示。

$$f_{\mathrm{L}}\left|f_{\mathrm{L}}\right|+\left(\dfrac{\pi}{4}\right)^2\dfrac{D^5}{\mu RTZ\rho_0^2}\dfrac{\pi_{\mathrm{T}}^2-\pi_{\mathrm{I}}^2}{L}=0 \tag{1-4}$$

此外，相比于电网中变压器实现对电压等级的变换，天然气管网中压缩机主要实现对气压的调节。这是因为天然气沿管道传输存在压力降，为保证有足够的气压使得天然气能够在管网中输送，需增设压缩机用以补偿气压的损失。常用的压缩机主要包含电驱动和燃气轮机驱动，顾名思义，其消耗的分别为电能和天然气，对于含压缩机支路的建模，主要是用数学表达式描述压缩机消耗电能、天然气的大小，该做法也可类似于对变压器支路建模中采用数学模型描述其消耗电能的大小。

1.4　电-气耦合网络建模及运行优化研究进展

1.4.1　潮流模型求解及相互作用分析方法研究进展

潮流模型求解是研究 IEGN 运行优化的基础。IEGN 的潮流模型包括了电网和天然气管网的潮流模型，两个网络潮流模型通过耦合设备的能量流转换关系建立起联系。潮流模型的求解可分为解耦求解（也称为顺序求解）和统一求解两种方法。统一求解主要是根据电网和天然气管网的稳态模型建立统一的潮流模型，并以牛顿法为核心，通过构造统一的雅可比矩阵进行迭代求解。

相对于统一求解，解耦求解可以一定程度上降低求解的复杂度，但需要计算不同潮流之间的能量分配关系。无论是统一求解还是解耦求解，牛顿法作为一种快速的局部收敛方法受到了广泛应用，但面临着对初值依赖性强的问题，初值选取不当会影响解法的收敛性。现有的研究还未采用其他解法避免这一问题，对 IEGN 潮流模型求解时需采用更高效的解法，以保证潮流模型的收敛性。

此外，IEGN 对多能流耦合的相互影响作用给予了更多关注，随着电网与天然气管网的耦合日益紧密，两网联合运行时单一子网发生的波动将相互影响，带来了新的系统安全运行问题。天然气管网的不确定性对电网的稳定运行有所影响，天然气管网发生故障将传播到电网并影响电网安全。另外，电网的频繁调节将会导致天然气管网的气压大幅度波动，直接影响着天然气管网的输气安全。因此，在进行 IEGN 安全性分析时，需充分考虑电网与天然气管网之间的耦合作用机理进而为 IEGN 安全运行决策提供依据。

灵敏度分析是静态安全性分析的一种基础方法，常用于研究系统的安全稳定运行。电网中的负荷发生变化时，会对系统的运行状态产生影响，灵敏度指标可用于描述这一影响。相比于电网，IEGN 的负荷变化对系统网络状态产生的影响可由灵敏度矩阵来表示，据此可用灵敏度矩阵衡量电网和天然气管网间的交互作用[8]。

1.4.2　故障传播影响分析方法研究进展

一方面，电网与天然气管网间存在相互作用影响，两网耦合下电-气耦合网络提高了能源的利用效率，为低碳可持续能源系统的构建带来了新的机会；另一方面，电网和天然气管网通过燃气轮机和 P2G 设备建立能量双向耦合、相互流通关系，系统发生的波动将相互影响，这也带来了新的系统安全运行问题，网络间发生故障时将相互传播，"牵一发而动全身"，若发生连锁故障将严重破坏 IEGN 运行状态。

作为复杂网络问题研究的分支，节点和支路存在耦合关系的多个复杂网络所构成的相依网络的建模和演化的机理正逐渐受到人们关注。相依网络是从复杂网络中演变而来的，全相依的相依网络模型描述了发生故障后电力一、二次系统间因存在依从关系而导致故障扩散的迭代过程机理[9]。相依网络模型可用于研究具有耦合关系的网络之间的动态影响过程。区别于孤立网络，由于相依网络的节点之间存在相依性，相依网络在故障后引发级联失效的过程会更剧烈。

随着天然气机组的大规模接入以及燃气轮机和 P2G 技术的成熟，电网与天然气管网间耦合日益加深。通过电网与天然气管网间耦合功率的传输，电-气耦合网络具备了相依网络的相依特性。电网和天然气管网的相依特性不可避免地为系统安全运行带来新的挑战，一个子网的故障扰动会影响另一个子网的正常运行，甚至引起系统连锁故障的发生。

美国西南部、洛杉矶以及我国台湾都出现过由供气问题造成的大规模停电事故。其中，美国西南部连锁故障事故造成 130 万用户失去电力供应，事故起因在于发生故障时气负荷达到峰值，导致大量气负荷被切除，因燃气轮机机组被切除，故障从天然气管网蔓延到电网，引发了大量电负荷的切除，电驱动加压站被迫退出运行，事故又重新通过耦合设备传播至天然气管网，如此反复引发连锁故障；洛杉矶发生的大规模燃气泄漏事故导致洛杉矶盆地燃气电厂拉闸限电，影响数百万用户长达 14 天；2017 年 8 月 15 日我国台湾出现的大规模停电事故，起因在于大潭电厂的 6 台燃气轮机机组供气突然中断导致 6 台燃气轮机机组脱网，造成约 11.94%电力供应的迅速减少，此时系统中无足够的备用，最终严重影响了约 60%的用户用电。因此，在电-气耦合网络耦合不断增强的背景下，有必要研究故障在两网间传播对电-气耦合网络安全运行的影响。

连锁故障作为电力系统安全稳定运行分析的重点内容，对其发生机理、故障传播等方面的内容一直是电力系统研究的热点之一。当前对故障传播机理的相关研究大多来自于传统的电网连锁故障研究领域。纵观现有对电-气耦合网络的故障传播影响的研究，大多文献分析了天然气管网随机故障对电网的影响特性，而未关注电网随机故障对天然气管网的影响特性，对两网间的故障传播影响的研究不够充分。

1.4.3　运行优化方法研究进展

IEGN 的运行优化可以理解为在传统电网优化调度运行的拓展，即面向对象从传统电网上升到电网和天然气管网的耦合网络中。据此，IEGN 的运行优化可以描述为在 IEGN 网络参数和能源负荷给定的前提下，优化 IEGN 中的控制变量，使其在满足各种等式约束和不等式约束条件下，某个给定的目标函数为最值。数学表达式为

$$\begin{cases} \min \quad F(x,u) \\ \text{s.t.} \quad G(x,u)=0, H(x,u) \leqslant 0 \end{cases} \tag{1-5}$$

式中，x 为状态变量；u 为控制变量；$F(*)$为给定的目标函数；$G(*)$和 $H(*)$分别为模型的等式约束和不等式约束。

基本模型（1-5）中，目标函数由决策者需求而定。在 IEGN 运行优化中，常见目标函数为综合购能成本最小，或者在综合购能成本上计及碳排放成本用以反映环境污染的代价。等式约束为潮流约束，包括了电网和天然气管网的潮流。不等式约束则主要为各种安全约束，比如支路传输功率/天然气流量约束、发电机组/天然气气源出力约束、节点电压/气压约束等。控制变量主要为 IEGN 中可控设备，比如发电机组/天然气气源出力等[10]。

式（1-5）的基本模型具有高度抽象性、通用性。现有文献研究在该模型的基础上，侧重不同方面对 IEGN 的运行优化展开深入的研究，以下分别进行综述。

1. 考虑低碳经济性的运行优化方法

电-气耦合网络逐渐成为未来能源利用的重要载体，为提升能源利用效率提供了有效途径，如何实现系统的运行优化受到了越来越多的关注。目前，有关电-气耦合网络运行优化的研究大多集中于经济调度方面，大多以电-气耦合网络的经济优化为出发点，忽略了日益严重的能源与环境问题，未充分发挥 IEGN 在低碳节能方面的作用。面对日益匮乏的能源供应与日益严重的环境污染，低碳经济发展成为各国能源与环境领域关注的重点问题。电-气耦合网络能够实现多种能源互补和协同优化，对节能减排具有支撑作用，被认为是推动能源绿色和低碳转型的重要载体。因此，为助力"双碳"目标，电-气耦合网络的运行优化研究有必要由传统的经济调度向低碳经济调度转变，为提升可再生能源的消纳能力和控制碳排放水平提供有效途径。

P2G 技术的迅速发展，不仅使得电网和天然气管网的能量双向交互成为可能，而且可充分利用风电资源，将盈余的风电转换成天然气，为解决风电消纳问题提供了新途径。P2G 技术能够提升系统可再生能源消纳水平并降低系统碳排放水平。另外，在节能减排的背景下，二氧化碳捕集、利用与封存技术作为降低碳排放水平的重要途径，成为当前最受关注的低碳技术之一。在传统发电厂加装碳捕集系统从而转换为碳捕集电厂逐渐成为实现低碳电力的重要途径[11]。对于电-气耦合网络而言，若将碳捕集电厂与 P2G 设备进行耦合，P2G 设备可利用捕集的 CO_2 为原料合成甲烷从而实现碳的循环利用。碳捕集电厂与 P2G 设备协同运行为改善 IEGN 的低碳经济运行性能提供了新的途径，故在 IEGN 运行调度中计及碳捕集系统具有重要研究价值。碳捕集系统与 P2G 设备存在时空不对等问题，体现在 CO_2 的捕集与利用在时间上不匹配，需要进一步深化研究碳捕集电厂与 P2G 设备的 IEGN 协同运行模式。

与此同时，为了进一步控制碳排放，目前国内已在北京、湖北、福建等地试行碳交易市场[12]。碳交易市场逐渐成为兼顾提升经济性与低碳性的有效措施。碳交易机制是指通过政府监管部门制定碳排放的规则，市场对碳排放权进行交易进而控制碳排放的市场交易机制。碳交易机制利用市场手段控制碳排放量，能够有效促进各行业对低碳减排的响应力度，激发节能减排的积极性。现有研究未充分考虑不同碳交易机制对电-气耦合网络的影响，未充分发挥碳交易市场控制碳排放量的引导作用，需进一步对碳交易机制进行改进，如阶梯式碳交易机制对比传统碳交易机制具有更优的低碳性能，能够进一步控制碳排放。

2. 考虑随机性的运行优化方法

能源负荷以及可再生能源的随机性处理是 IEGN 运行优化的主要问题之一。随机性在数学的定义上为一类随机变量。处理随机性的方法主要对模型中的随机变量通过概率的方法进行抽样或解析处理。现阶段研究中，对 IEGN 不确定因素的处理方法主要采用了随机规划、鲁棒优化、区间优化等。

随机规划方法基于随机变量的概率信息，多采用抽样模拟和机会约束生成等方法将不确定性模型转化为确定性模型。基于场景法的随机规划方法考虑了随机变量可能出现的各种可能性，能较好协同系统运行安全性与经济性。但大量场景生成将增大求解规模，进而造成求解困难。通过场景缩减技术、极限场景等方法，研究场景优选是场景法拓宽其应用的关键。

鲁棒优化方法和区间优化方法考虑了较为极端的场景下，系统对不确定的适应程度。但鲁棒优化方法通常被认为是过于保守的，因为它总是试图寻找低概率的、最坏情况下的解决方案。区间优化方法则对随机变量给定了一个区间，但该区间缺少了随机变量的概率信息，如何在区间的基础上结合随机变量的概率信息仍可做进一步的研究。

3. 考虑能流差异性的运行优化方法

电力流和天然气流传输的时间常数不同是 IEGN 运行优化的一个重要特性。电网中电能的传输几乎瞬时完成，而天然气管网输送慢，可以短暂地存储在天然气管网中，管网起到一定的储能作用。已有研究中，诸多文献在天然气管网静态模型的基础上进行了 IEGN 的优化建模。其中，静态模型表达为威莫斯公式，该模型简化地认为天然气传输满足实现平衡，并基于该模型侧重分析电网和天然气管网之间的协同对两个网络的影响[13]。随着研究的不断深入，在 IEGN 运行优化研究层面，也逐渐重视电网和天然气管网在能量传输速度所呈现的不同时间尺度特性问题，在优化模型中加以考虑天然气传输的动态模型。

不同能源之间的差异性是阻碍多能流互通互济的主要原因。相比静态模型，考虑电网和天然气管网不同时间尺度所建立的动态模型，综合了电力流、天然气流自身的流动特性、网络结构等，能更好地反映各异特性能流之间的影响[14]。

4. 考虑能源市场机制的运行优化方法

对于电网和天然气管网的运营市场机制，主要存在统一运营管理（如澳大利亚能源市场运营机构、英国国家电网公司）以及分开市场主体运营的两种模式。在这两种市场机制模式下，运行优化存在着统一优化调度和两者互动协同优化调度两种模式。

统一优化调度建模和优化求解是整体的，在一次优化方法解决两个网络的优化，并兼顾两者之间的相互影响。确定性模型方面，主要考虑不同优化目标，建立两个网络约束的优化模型统一调度模式对两个耦合网络进行全局优化，适用于有统一调度机构的背景。倘若电网和天然气管网分属于不同机构，则需要考虑数据的私密性、市场竞争性等因素。基于此，针对电网和天然气管网互动协同优化调度模式的研究也受到了广泛关注。

电网和天然气管网的互动协同可以分为合作和博弈两个层面。前者主要将 IEGN 整体的问题拆分为天然气管网优化和电网优化两个子问题求解，并用一定策略实现协同。后者则体现为电网和天然气管网在市场竞争机制下，以博弈的角度实现各自的最优化。

电网和天然气管网的互动协同求解思路是对两个网络优化模型进行拆分，并从合作或是博弈的角度实现两个网络的协同，适用于电网和天然气管网分属不同的运营调度主体。而在市场化的研究方面，结合售电侧的放开，当电网和天然气管网的运营调度主体能够对能源销售时，相关的协同优化研究还有待加强。

5. 调度模型非线性的求解方法

在 IEGN 的调度模型中，电网和天然气管网的潮流模型主要作为等式约束在调度模型中考虑。对于电网的调度模型，在优化调度中常采用直流潮流模型进行简化[15]，直流潮流具有线性表达形式，易于求解。而对于天然气管网的潮流模型，无论是静态模型还是动态模型，模型的非线性特性给优化求解带来了困难，如何对含有非线性天然气管网潮流模型的优化问题的求解，也成为了 IEGN 优化问题求解的一大技术难点。

对非线性天然气管网潮流模型的处理，一种思路是从求解算法出发，寻找适合高效求解的算法，包括解析法和智能算法两个大类；另一种思路则是从模型的角度出发，将非线性模型转为相对容易求解的模型，如线性化、凸化等。

对于第一种思路，现有文献多采用解析法，并基于内点法处理天然气管道方程的非线性[16]。内点法利用了优化问题的梯度信息，具有快速收敛的优势，但对初始内点可行解选取较严格，且在最优解附近收敛可能会遇到数值稳定性问题。尽管内点法在电网调度已得到普遍应用，但对天然气管道非线性约束处理时，初始内点选取仍较困难。相比直接求解非线性问题，采用第二种思路对天然气管道非线性约束进行线性化、凸化等方法，也成为了求解 IEGN 优化问题的重要手段。

在凸松弛研究方面，部分文献用一个新变量代替了气压平方项，进而利用二阶锥松弛的方法建立了 IEGN 混合整数二阶锥模型，提高了求解效率[17]。但由于气压的平方为一变量，该方法很难将计及管存效应的天然气管网潮流模型考虑在内。此外，部分研究将天然气管道非线性约束松弛为二阶锥凸优化问题，并采用连续锥优化方法保证松弛的严格性[18]，但没有考虑天然气管网潮流模型在一天内方向的变化。将描述管道压力与流量关系的非线性方程进行线性化，是现有研究一种常见的做法。该做法主要通过引入 0-1变量，采用增量线性化的方法对非线性变量进行线性化，从而将非线性模型转化为混合整数线性模型[19]。理论而言，增量线性化方法中引入的分段数越多，则精度会更高。但过多的分段数会引入大量的 0-1 变量，增加了混合整数规划问题的求解负担。如何在保证计算精度的同时提高求解效率仍有待研究。

1.5　电-气耦合能源中心建模及运行优化研究进展

由图 1-2 可知，电-气耦合能源中心（EGC-EC）基于上级传输的电、气能源，将通过多能转换、存储等设备实现多种能流的耦合与分配。本节将对能源中心多能流耦合的建模方法、多能流的优化调控的研究进展进行综述。

1.5.1　多能流耦合的建模方法

为了统一描述 EGC-EC 中多种能量流耦合的关系，苏黎世联邦理工学院于 2007 年提出了能量枢纽（Energy Hub）的建模方法。该方法通过耦合矩阵描述 EGC-EC 的能量分配与转化关系，实现对 EGC-EC 中多能流耦合联系的数学建模，并在解决 EGC-EC 规划、运行优化问题中发挥了重要作用，已成为研究热点[20]。

Energy Hub 是一种高度抽象的建模方法，它的基本思路是将一个复杂的、由多种能源（电、气、冷、热等）耦合的多能源系统简化成一个输入-输出的端口模型，抽象示意如图 1-5 所示。

P　　　能量枢纽　　　L

能源输入端　　　　　　转换输出能源

图 1-5　基于 Energy Hub 的多能源系统输入-输出端口模型

图 1-5 中，向量 P 指的是多能源系统的能源输入，为待求量；向量 L 表征经过传输、转换、存储等环节后多能源系统的能源输出，实际上亦为能源负荷需求。Energy Hub 内涉及了多种设备，如能源的传输设备（架空线、电缆、输气管道等）、能源转换设备（燃

气轮机、电锅炉、电解槽等）、储能设备（电池、热储罐、储氢设备等）。从数学的角度分析，P 与 L 之间的函数关系式可以表征为

$$L = ZP \tag{1-6}$$

式中，Z 为耦合矩阵，表示 Energy Hub 输入-输出能量之间的传输、转换、存储等关系。该矩阵参数与能源转换效率、能源内部多能分配关系相关，表征了能源输入-输出关系的中间路径环节，并且由于中间环节冗余路径的存在，为多能流耦合的中间路径最优化提供了空间。

Energy Hub 的建模思路通过耦合矩阵的描述将多能流耦合特性高度抽象化，体现了能量等值的思想，实现了数学和物理的统一，具有良好的适用性及可拓展性。但目前建模过程中主要考虑 Energy Hub 中的能源转换设备，对更为通用性的建模方法仍有待加强，如 Energy Hub 内存在任意连接储能设备、可再生能源设备等。

1.5.2 能源中心多能流的优化调控

能源中心多能流的优化调控主要是在满足能源中心能源供需平衡、设备出力的约束下，以满足一个或多个目标为目的，调控设备出力为手段，所构建的一系列数学优化模型。数学模型的主要区别包括：①目标函数的不同，如考虑能源综合购置成本最小、系统运行效率最优、经济环境效益综合最优等；②系统约束条件的不同，如兼顾考虑输入能源价格时变性、系统设备及结构的不一致性、用户舒适度及满意度约束等；③构建模型的不同，可能为线性规划模型、混合整数非线性规划模型、单目标优化亦或是多目标优化等。

此外，在 EGC-EC 的输入端和输出端具有大量的不确定性，包括风电、光伏等可再生能源出力、负荷需求、实时能源价格等。对于这些不确定性，主要处理方法有概率潮流和区间潮流等[21]。概率潮流根据已知随机变量的统计信息，运用蒙特卡罗模拟、点估计、半不变量等方法确定潮流计算待求变量的概率特征，能够比较全面地提供系统潮流运行状态的随机信息，但需要通过大量的历史数据来确定系统输入不确定变量的统计规律。区间潮流则以区间数来表达不确定变量，仅关注变量的外延信息，通过区间运算能够得到待求不确定量的上下边界。随着研究的不断深入，考虑负荷侧多类型响应作为 EGC-EC 的调控资源也正逐渐受到关注。从负荷侧的调控手段看，包括需求侧响应、电动汽车和新能源耦合调度等。需求侧响应通过既定的价格信号或激励机制引导用户改变用能习惯，能有效提升系统源-荷之间的匹配度，实现优化潜力的提升[22]。电动汽车和新能源耦合调度，能起到削峰填谷和降低系统用能成本的作用。

1.6　本　章　小　结

本章概述了电-气互联系统的基本内涵，从空间覆盖范围和服务对象来看可划分为跨区域的电-气耦合网络（IEGN）和电-气耦合能源中心（EGC-EC）。综述了电转气技术和天然气管网建模研究进展，并论述了 IEGN 和 EGC-EC 在建模及运行优化研究方面的进展，为后文进一步深化研究 IEGN 和 EGC-EC 建模理论和运行模型奠定基础。

参 考 文 献

[1] 杨自娟，高赐威，赵明，等. 电力-天然气网络耦合系统研究综述[J]. 电力系统自动化，2018，42（16）：21-31，56.

[2] 张勇军，陈泽兴，蔡泽祥，等. 新一代信息能源系统：能源互联网[J]. 电力自动化设备，2016，36（9）：1-7.

[3] 李立涅，张勇军，徐敏. 我国能源系统形态演变及分布式能源发展[J]. 分布式能源，2017，2（1）：1-9.

[4] 许志恒，张勇军，陈泽兴，等. 考虑运行策略和投资主体利益的电转气容量双层优化配置[J]. 电力系统自动化，2018，42（13）：82-90.

[5] 刘伟佳，文福拴，薛禹胜，等. 电转气技术的成本特征与运营经济性分析[J]. 电力系统自动化，2016，40（24）：1-11.

[6] Xing X T, Lin J, Song Y H, et al. Modeling and operation of the power-to-gas system for renewables integration: A review[J]. CSEE Journal of Power and Energy Systems，2018，4（2）：168-178.

[7] Correa-Posada C M, Sánchez-Martín P. Integrated power and natural gas model for energy adequacy in short-term operation[J]. IEEE Transactions on Power Systems，2015，30（6）：3347-3355.

[8] 苏洁莹，林楷东，张勇军，等. 基于统一潮流建模及灵敏度分析的电-气网络相互作用机理[J]. 电力系统自动化，2020，44（2）：43-52.

[9] Buldyrev S V, Parshani R, Paul G, et al. Catastrophic cascade of failures in interdependent networks[J]. Nature，2010，464：1025-1028.

[10] 郑展，张勇军. 电-气-热一体化混合能源系统研究评述与展望[J]. 广东电力，2018，31（9）：98-110.

[11] 陈伯达，林楷东，张勇军，等. 计及碳捕集和电转气协同的电气互联系统优化调度[J]. 南方电网技术，2019，13（11）：9-17.

[12] 陈锦鹏，胡志坚，陈嘉滨，等. 考虑阶梯式碳交易与供需灵活双响应的综合能源系统优化调度[J]. 高电压技术，2021，47（9）：3094-3104.

[13] Correa-Posada C M, Sánchez-Martín P. Security-constrained optimal power and natural-gas flow[J]. IEEE Transactions on Power Systems，2014，29（4）：1780-1787.

[14] 林楷东，陈泽兴，张勇军，等. 含 P2G 的电-气互联网络风电消纳与逐次线性低碳经济调度[J]. 电力系统自动化，2019，43（21）：23-33.

[15] 陈泽兴，林楷东，张勇军，等. 电-气互联系统建模与运行优化研究方法评述[J]. 电力系统自动化，2020，44（3）：11-23.

[16] 卫志农，张思德，孙国强，等. 计及电转气的电-气互联综合能源系统削峰填谷研究[J]. 中国电机工程学报，2017，37（16）：4601-4609.

[17] Wen Y F, Qu X B, Li W Y, et al. Synergistic operation of electricity and natural gas networks via ADMM[J]. IEEE Transactions on Smart Grid，2017，9（5）：4555-4565.

[18] Wang C, Wei W, Wang J H, et al. Convex optimization based distributed optimal gas-power flow calculation[J]. IEEE

Transactions on Sustainable Energy，2017，9（3）：1145-1156.

[19] He C，Wu L，Liu T Q，et al. Robust co-optimization scheduling of electricity and natural gas systems via ADMM[J]. IEEE Transactions on Sustainable Energy，2016，8（2）：658-670.

[20] 王毅，张宁，康重庆. 能源互联网中能量枢纽的优化规划与运行研究综述及展望[J]. 中国电机工程学报，2015（22）：5669-5681.

[21] Parisio A，Del Vecchio C，Vaccaro A. A robust optimization approach to energy hub management[J]. International Journal of Electrical Power & Energy Systems，2012，42（1）：98-104.

[22] Mancarella P，Chicco G. Real-time demand response from energy shifting in distributed multi-generation[J]. IEEE Transactions on Smart Grid，2013，4（4）：1928-1938.

第2章 电-气耦合网络的统一潮流模型及相互作用机理

随着燃气轮机和电转气技术的发展，以及电网和天然气管网的耦合程度不断加深，电网和天然气管网之间的相互影响受到密切关注。一方面，天然气管网发生故障将传播到电网，进而可能引发停电事故；另一方面，作为应对可再生能源波动的调峰设备，燃气轮机的频繁调节可能引起天然气管网压力的波动，进而影响天然气管网的安全。目前对电网和天然气管网相互作用研究主要基于潮流计算评估电网与天然气管网的状态。该做法侧重研究电网和天然气管网当前态，而对电网和天然气管网耦合环节的未来可能态研究仍显不足。此外，天然气管网潮流模型具有强非线性的特性，现有研究常采用的牛顿-拉弗森法在求解电网-天然气管网统一潮流模型的收敛效果欠佳，特别是对初值十分敏感。基于此，本章围绕潮流模型降维和高效求解，首先构建电-气耦合网络的统一潮流模型；其次建立综合灵敏度评估指标，分析薄弱环节，深度挖掘电网和天然气管网之间的相互作用规律。

2.1 电-气耦合网络的统一潮流模型

2.1.1 电-气耦合元件模型

电网与天然气管网通过耦合设备紧密相连，通过耦合功率的传输形成能量的双向流通，电-气耦合网络的耦合结构如图 2-1 所示。

1. 燃气轮机

燃气轮机以天然气作为输入能源，并通过天然气燃烧产生的高温气体做功推动涡轮旋转，进而推动发电机输出电能。潮流计算分析中，考虑燃气轮机的静态模型，表征其能源转换关系，则燃气轮机消耗天然气流量 f_{GT} 和产生有功功率 P_{GT} 可以表示为[1]

$$f_{GT} = \frac{P_{GT}}{\eta_{GT} LHV} \tag{2-1}$$

式中，η_{GT} 为燃气轮机的效率；LHV 为天然气热值。燃气轮机在电网中作为源，节点类型可以是 PQ、PV 节点，或是具调节能力的平衡节点。而机组所发无功功率用 Q_{GT} 表示。

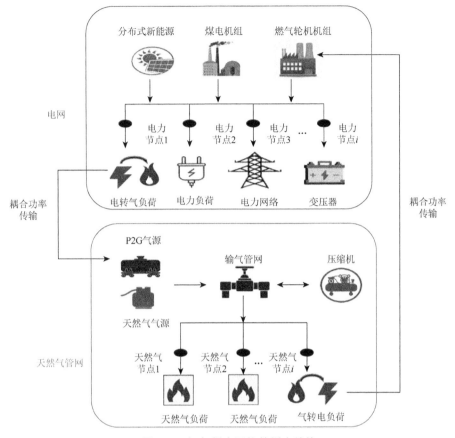

图 2-1　电-气耦合网络的耦合结构

2. 电转气设备

如在 1.2 节中介绍，P2G 设备具有响应速度快、调度灵活等特性，在消纳弃风、弃光以及提供储能方面具有优势，并且在其甲烷化过程中需吸收 CO_2 而使得该技术具有减碳效益。潮流计算中，为表征 P2G 设备能量转换关系，P2G 设备消耗电功率 P_{TR} 和产生的天然气流量 f_{TR} 可以表示为[2]

$$f_{TR} = \frac{\eta_{TR} P_{TR}}{\text{LHV}} \tag{2-2}$$

式中，η_{TR} 为 P2G 设备的效率。对于 P2G 设备，由于其电解过程需采用直流电，假定 P2G 设备由交流电网取电，再经整流获得直流电，则 P2G 设备消耗的无功功率主要由整流环节产生，整流环节消耗无功功率可表示为 $Q_{TR} = P_{TR} \times \tan\varphi_{TR}$（$\varphi_{TR}$ 为功率因素角）。

2.1.2　电网潮流模型

采用经典交流潮流模型，以极坐标形式、紧凑形式呈现，电网潮流模型表示为

$$\begin{cases} \boldsymbol{P} - \mathrm{Re}\left[\dot{\boldsymbol{V}}\left(\boldsymbol{Y}\dot{\boldsymbol{V}}\right)^*\right] + \boldsymbol{Z}_{\mathrm{GT}}\boldsymbol{P}_{\mathrm{GT}} - \boldsymbol{Z}_{\mathrm{TR}}\boldsymbol{P}_{\mathrm{TR}} = \boldsymbol{0} \\ \boldsymbol{Q} - \mathrm{Im}\left[\dot{\boldsymbol{V}}\left(\boldsymbol{Y}\dot{\boldsymbol{V}}\right)^*\right] + \boldsymbol{Z}_{\mathrm{GT}}\boldsymbol{Q}_{\mathrm{GT}} - \boldsymbol{Z}_{\mathrm{TR}}\boldsymbol{Q}_{\mathrm{TR}} = \boldsymbol{0} \end{cases} \tag{2-3}$$

式中，$\boldsymbol{P}$、$\boldsymbol{Q}$ 为节点注入功率列向量（燃气轮机和 P2G 设备的注入功率除外，单独用 $\boldsymbol{P}_{\mathrm{GT}}/\boldsymbol{P}_{\mathrm{TR}}$、$\boldsymbol{Q}_{\mathrm{GT}}/\boldsymbol{Q}_{\mathrm{TR}}$ 分别表示燃气轮机/P2G 设备的有功功率列向量、无功功率列向量）；$\boldsymbol{Y}$ 为节点导纳矩阵；$\dot{\boldsymbol{V}}$ 为用复数表示的电压的向量，且定义幅值向量为 $\boldsymbol{V}$，相角向量为 $\boldsymbol{\theta}$；$\boldsymbol{Z}_{\mathrm{GT}}$、$\boldsymbol{Z}_{\mathrm{TR}}$ 分别为表征燃气轮机、P2G 设备所处电网节点位置关系的关联矩阵，解释如下：假定电网有 G 个节点，电网与天然气管网耦合共有 X 台燃气轮机，Y 台 P2G 设备，则矩阵 $\boldsymbol{Z}_{\mathrm{GT}} = \{Z_{\mathrm{GT},gx}\}_{G \times X}$，当第 g 个节点连接第 x 台燃气轮机时，元素 $Z_{\mathrm{GT},gx}$ 为 1，否则为 0。同理，$\boldsymbol{Z}_{\mathrm{TR}} = \{Z_{\mathrm{TR},gy}\}_{G \times Y}$，当第 g 个节点连接第 y 台 P2G 设备时，元素 $Z_{\mathrm{TR},gy}$ 为 1，否则为 0。

2.1.3　天然气管网潮流模型

天然气管网支路包含常规天然气管道传输支路和压缩机支路，对于常规的传输管道支路，采用如式（1-3）表示的管存模型描述天然气传输的慢动态特性。由于天然气管网中各个节点仍需满足流量平衡，所有节点的流量平衡方程用紧凑形式表示为

$$\boldsymbol{A}_{\mathrm{I}}\boldsymbol{f}_{\mathrm{LI}} + \boldsymbol{A}_{\mathrm{T}}\boldsymbol{f}_{\mathrm{LT}} + \boldsymbol{U}_{\mathrm{A}}\boldsymbol{f}_{\mathrm{LS}} + \boldsymbol{f}_{\mathrm{C}} + \boldsymbol{A}_{\mathrm{TR}}\boldsymbol{f}_{\mathrm{TR}} - \boldsymbol{A}_{\mathrm{GT}}\boldsymbol{f}_{\mathrm{GT}} + \boldsymbol{U}_{\mathrm{B}}\boldsymbol{f}_{\mathrm{LOSS}} = \boldsymbol{0} \tag{2-4}$$

式中，$\boldsymbol{f}_{\mathrm{LI}}$、$\boldsymbol{f}_{\mathrm{LT}}$ 分别为常规传输管道进、出口流量列向量；$\boldsymbol{f}_{\mathrm{LS}}$ 为流经压缩机管道的流量列向量；$\boldsymbol{f}_{\mathrm{LOSS}}$ 为压缩机的天然气损耗列向量；$\boldsymbol{f}_{\mathrm{C}}$ 为节点注入功率列向量（燃气轮机和 P2G 设备的注入流量除外，单独用 $\boldsymbol{f}_{\mathrm{GT}}/\boldsymbol{f}_{\mathrm{TR}}$ 表示燃气轮机/P2G 设备的注入流量列向量）；$\boldsymbol{A}_{\mathrm{I}}$、$\boldsymbol{A}_{\mathrm{T}}$、$\boldsymbol{U}_{\mathrm{A}}$、$\boldsymbol{U}_{\mathrm{B}}$、$\boldsymbol{A}_{\mathrm{TR}}$、$\boldsymbol{A}_{\mathrm{GT}}$ 均为表示位置关系的关联矩阵。假定天然气管网有 N 个节点，M 条常规管道支路，S 条压缩机支路，则有：

$\boldsymbol{A}_{\mathrm{I}} = \{A_{\mathrm{I},nm}\}_{N \times M}$，当节点 n 连接常规管道支路 m 的天然气输入节点时，元素 $A_{\mathrm{I},nm}$ 取值为 -1，其余取值为 0。$\boldsymbol{A}_{\mathrm{T}} = \{A_{\mathrm{T},nm}\}_{N \times M}$，当节点 n 连接常规管道支路 m 的天然气输出节点时，元素 $A_{\mathrm{T},nm}$ 取值为 1，其余取值为 0。

$\boldsymbol{U}_{\mathrm{A}} = \{U_{\mathrm{A},ns}\}_{N \times S}$ 和 $\boldsymbol{U}_{\mathrm{B}} = \{U_{\mathrm{B},ns}\}_{N \times S}$，当节点 n 连接压缩机支路 s 的输入节点时，元素 $U_{\mathrm{A},ns}$ 和元素 $U_{\mathrm{B},ns}$ 取值均为 -1，而当节点 n 连接压缩机支路 s 的输出节点时，元素 $U_{\mathrm{A},ns}$ 取值为 1，其他情况元素取值为 0。

$\boldsymbol{A}_{\mathrm{GT}}$、$\boldsymbol{A}_{\mathrm{TR}}$ 元素取值规律与 $\boldsymbol{Z}_{\mathrm{GT}}$、$\boldsymbol{Z}_{\mathrm{TR}}$ 类似，不再赘述。

再者，基于 $\boldsymbol{f}_{\mathrm{LI}}$、$\boldsymbol{f}_{\mathrm{LT}}$、$\boldsymbol{f}_{\mathrm{LOSS}}$、$\boldsymbol{f}_{\mathrm{C}}$ 与天然气管网气压的关系，对式（2-4）进行变量的压缩，简化中间变量，降低潮流模型规模，详述如下。

1. 常规传输管道模型及变量替代

基于式（1-3）对常规天然气管道流量方程的描述，式（2-4）中，表征天然气流进、流出管道列向量 $\boldsymbol{f}_{\mathrm{LI}}$、$\boldsymbol{f}_{\mathrm{LT}}$ 中元素 $f_{\mathrm{LI},m}$、$f_{\mathrm{LT},m}$ 有关系式为

$$\begin{cases} \left(f_{\mathrm{LI},m,t} - f_{\mathrm{LT},m,t}\right)\Delta t = \rho_{\mathrm{A},m}\left(\dfrac{\pi_{n:n=o_{\mathrm{I}}(m),t} + \pi_{n:n=o_{\mathrm{T}}(m),t}}{2}\right) - \rho_{\mathrm{A},m}\left(\dfrac{\pi_{n:n=o_{\mathrm{I}}(m),t-1} + \pi_{n:n=o_{\mathrm{T}}(m),t-1}}{2}\right) \\ \mathrm{sign}\left(\dfrac{f_{\mathrm{LI},m,t} + f_{\mathrm{LT},m,t}}{2}\right)\left(\dfrac{f_{\mathrm{LI},m,t} + f_{\mathrm{LT},m,t}}{2}\right)^2 - \rho_{\mathrm{B},m}\left(\pi^2_{n:n=o_{\mathrm{I}}(m),t} - \pi^2_{n:n=o_{\mathrm{T}}(m),t}\right) = 0 \\ \rho_{\mathrm{A},m} = \dfrac{\pi}{4}\dfrac{D^2}{RTZ\rho_0}, \quad \rho_{\mathrm{B},m} = \left(\dfrac{\pi}{4}\right)^2\dfrac{D^5}{\mu RTZ\rho_0^2 L} \end{cases} \tag{2-5}$$

式中，ρ_{A}、ρ_{B} 为管道常数系数；π_n 为节点 n 的气压，$n = o_{\mathrm{I}}(m)$、$n = o_{\mathrm{T}}(m)$ 分别指节点 n 为管道 m 的输入、输出节点；Δt 为时间步长，下标 t 和 $t-1$ 分别表示当前状态和过去前一时段，由于潮流关注当前量，可认为 $t-1$ 时刻状态已知，进一步可将式（2-5）描述为

$$\begin{cases} f_{\mathrm{LI},m} - f_{\mathrm{LT},m} = \rho_{\mathrm{A},m}\left(\dfrac{\pi_{n:n=o_{\mathrm{I}}(m)} + \pi_{n:n=o_{\mathrm{T}}(m)}}{2}\right) - \mathrm{SAS} \\ f_{\mathrm{LI},m} + f_{\mathrm{LT},m} = 2\mathrm{sign}\left(\pi_{n:n=o_{\mathrm{I}}(m)} - \pi_{n:n=o_{\mathrm{T}}(m)}\right)\sqrt{\rho_{\mathrm{B},m}\left|\pi^2_{n:n=o_{\mathrm{I}}(m)} - \pi^2_{n:n=o_{\mathrm{T}}(m)}\right|} \end{cases} \tag{2-6}$$

式中，SAS 为上一状态的量，定义为初始管存。式（2-6）描述了 $f_{\mathrm{LI},m}$、$f_{\mathrm{LT},m}$ 与节点气压的关系，为将式（2-6）写成紧凑格式，定义各节点气压组成的列向量为 $\boldsymbol{\pi}$，各管道参数、初始管存组成的列向量分别为 $\boldsymbol{\rho}_{\mathrm{A}} / \boldsymbol{\rho}_{\mathrm{B}}$、$\mathbf{SAS}$，且需增加描述各管道与节点之间关系的关联矩阵，这些矩阵与 $\boldsymbol{A}_{\mathrm{I}}$ 和 $\boldsymbol{A}_{\mathrm{T}}$ 相关。则紧凑格式的式（2-6）可描述为

$$\begin{cases} \boldsymbol{f}_{\mathrm{LI}} - \boldsymbol{f}_{\mathrm{LT}} = \boldsymbol{Z}_{\mathrm{X}}(\boldsymbol{\pi}) = \dfrac{1}{2}\mathrm{diag}\left(\boldsymbol{\rho}_{\mathrm{A}}\right)\left(-\boldsymbol{A}_{\mathrm{I}} + \boldsymbol{A}_{\mathrm{T}}\right)^{\mathrm{T}}\boldsymbol{\pi} - \mathbf{SAS} \\ \boldsymbol{f}_{\mathrm{LI}} + \boldsymbol{f}_{\mathrm{LT}} = \boldsymbol{Z}_{\mathrm{Y}}(\boldsymbol{\pi}) \\ \qquad = 2\mathrm{diag}\left\{\mathrm{sign}\left[\left(-\boldsymbol{A}_{\mathrm{I}} - \boldsymbol{A}_{\mathrm{T}}\right)^{\mathrm{T}}\boldsymbol{\pi}\right]\right\}\mathrm{sqrt}\left\{\mathrm{diag}\left(\boldsymbol{\rho}_{\mathrm{B}}\right)\mathrm{abs}\left\{\left(-\boldsymbol{A}_{\mathrm{I}} - \boldsymbol{A}_{\mathrm{T}}\right)^{\mathrm{T}}\left[\mathrm{diag}(\boldsymbol{\pi})\boldsymbol{\pi}\right]\right\}\right\} \end{cases} \tag{2-7}$$

式中，diag(*)指的是以向量*为对角元素构成的对角矩阵；sign(*)、abs(*)和 sqrt(*)分别表示列向量*中各个元素取符号函数、绝对值函数和开方而构成的新的列向量；$\boldsymbol{Z}_{\mathrm{X}}(\boldsymbol{\pi})$ 和 $\boldsymbol{Z}_{\mathrm{Y}}(\boldsymbol{\pi})$ 是为了后续描述简便而定义的中间变量，指代等号最右式的向量，且为与向量 $\boldsymbol{\pi}$ 相关的表达式。进一步地，式（2-7）可进一步写为

$$\begin{cases} \boldsymbol{f}_{\mathrm{LI}} = \dfrac{1}{2}\left[\boldsymbol{Z}_{\mathrm{Y}}(\boldsymbol{\pi}) + \boldsymbol{Z}_{\mathrm{X}}(\boldsymbol{\pi})\right] \\ \boldsymbol{f}_{\mathrm{LT}} = \dfrac{1}{2}\left[\boldsymbol{Z}_{\mathrm{Y}}(\boldsymbol{\pi}) - \boldsymbol{Z}_{\mathrm{X}}(\boldsymbol{\pi})\right] \end{cases} \tag{2-8}$$

2. 压缩机模型及变量替代

式（2-4）中关于描述压缩机模型变量为向量 f_{LS} 和 f_{LOSS}。在有 S 条压缩机支路的天然气管网中，任一压缩机 s 的模型可描述为[3]

$$
\begin{cases}
H_s = B_s f_{LS,s} \left[\left(\Lambda_s \right)^{Z_s} - 1 \right] \\
f_{LOSS,s} = O_{C,s} + O_{B,s} H_s + O_{A,s} H_s^2 \\
\dfrac{\pi_{n:n=o_{ST}(s)}}{\pi_{n:n=o_{SI}(s)}} = \Lambda_s
\end{cases}
\tag{2-9}
$$

式中，f_{LS}、f_{LOSS} 分别为向量 f_{LS}、f_{LOSS} 的元素；B、Z、O_A、O_B、O_C 为压缩机耗量模型的基本参数；$n = o_{SI}(s)$、$n = o_{ST}(s)$ 分别指节点 n 为压缩机 s 的输入、输出节点；H 为中间参量，指耗电系数；Λ 为压缩比。对式（2-9）反解 H 并消除变量 H，有

$$
f_{LS,s} = \frac{-O_{B,s} + \sqrt{O_{B,s}^2 - 4O_{A,s} \left(O_{C,s} - f_{LOSS,s} \right)}}{2O_{A,s} B_s \left[\left(\Lambda_s \right)^{Z_s} - 1 \right]}
\tag{2-10}
$$

进一步定义 B、Z、O_A、O_B、O_C、Λ 为 B_s、Z_s、$O_{A,s}$、$O_{B,s}$、$O_{C,s}$、Λ_s 元素组成的列向量，将式（2-9）和式（2-10）写成紧凑格式有

$$
\begin{cases}
f_{LS} = Z_D(f_{LOSS}, \Lambda) \\
\quad = \mathrm{diag}\left\{ \left[2\mathrm{diag}(O_A) O_B \right]^T \left\{ \mathrm{diag}\left[(\Lambda)^Z \right] - I_{S \times S} \right\} \right\}^{-1} \\
\quad \times \left\{ -O_B + \mathrm{sqrt}\left[\mathrm{diag}(O_B) O_B - 4\mathrm{diag}(O_A)(O_C - f_{LOSS}) \right] \right\} \\
\mathrm{diag}\left[(U_A - U_B)^T \pi \right]^{-1} \times \left[(-U_B)^T \pi \right] = \Lambda
\end{cases}
\tag{2-11}
$$

式中，Λ、Z 为同维列向量，$(\Lambda)^Z$ 定义为 Λ、Z 中各对应元素进行运算，即 $(\Lambda_s)^{Z_s}$ 运算后组成的列向量；$I_{S \times S}$ 为单位矩阵，维数与压缩机条数相同；$\mathrm{diag}(*)$、$\mathrm{sqrt}(*)$ 定义同上；$Z_D(f_{LOSS}, \Lambda)$ 为定义的中间变量。

3. 天然气管网潮流模型的简化紧凑形式

综合上述，将式（2-8）、式（2-11）及耦合元件模型，即式（2-1）、式（2-2），一并代入式（2-4），可得

$$
\begin{cases}
\dfrac{1}{2} A_I \left[Z_Y(\pi) + Z_X(\pi) \right] + \dfrac{1}{2} A_T \left[Z_Y(\pi) - Z_X(\pi) \right] \\
\quad + U_A Z_D(f_{LOSS}, \Lambda) + U_B f_{LOSS} \\
\quad + f_C + \dfrac{1}{\mathrm{LHV}} \left[A_{TR} \mathrm{diag}(\eta_{TR}) P_{TR} - A_{GT} \mathrm{diag}(\eta_{GT})^{-1} P_{GT} \right] = 0 \\
\mathrm{diag}\left[(U_A - U_B)^T \pi \right]^{-1} \times \left[(-U_B)^T \pi \right] - \Lambda = 0
\end{cases}
\tag{2-12}
$$

由于压缩机的压缩比一般可知，则式（2-12）将天然气管网的潮流模型表征为各个注入流量（包括气源和气负荷）与状态量（气压）π 及压缩机损耗的关系式。该表达式压缩了中间过程变量，如管道流量，减少了变量个数和方程个数，减小了模型规模。

2.1.4　统一潮流模型

统一潮流模型即是将电网和天然气管网的潮流统一联立，进行求解。结合 2.1.1～2.1.3 节所述，统一潮流模型由式（2-3）和式（2-12）构成。一般来说，由于电网平衡节点电压幅值和相角已知，天然气管网平衡节点气压也已知，故在联立方程可以省略该节点的功率平衡方程和流量平衡方程。但若电网平衡节点为燃气轮机，由于该燃气轮机（相当于天然气管网的负荷）的有功功率在式（2-12）为未知量，即增加了一个变量。为了消除该变量，需引入该节点的有功功率平衡方程，并将该节点的有功功率表征为与电网变量（V、θ）相关的表达式。同理，当天然气管网以 P2G 设备为平衡节点时，对式（2-4）中 P2G 设备的未知功率可通过该节点在天然气管网的节点流量平衡方程消除该变量。

综上，对于含有 G 个节点的电网（$G = 1 + G_A + G_B$，即有 1 个平衡节点、G_A 个 PQ 节点、G_B 个 PV 节点）、N 个节点（含 1 个平衡节点）和 S 条压缩机支路的天然气管网，其统一潮流模型的方程变量/方程个数共有 $2G_A + G_B + N–1 + S$ 个。已知量为除平衡节点外的节点注入功率，待求变量为 V、θ、π、f_{LOSS}。则式（2-3）和式（2-12）所含 4 个子式可表达为

$$\begin{cases} F_{\text{P}}\left(V,\theta,\pi,f_{\text{LOSS}}\right) = 0 \\ F_{\text{Q}}\left(V,\theta,\pi,f_{\text{LOSS}}\right) = 0 \\ F_{\text{L}}\left(V,\theta,\pi,f_{\text{LOSS}}\right) = 0 \\ F_{\text{S}}\left(V,\theta,\pi,f_{\text{LOSS}}\right) = 0 \end{cases} \qquad (2\text{-}13)$$

式中，F_{P} 为 $G_A + G_B$ 个电网有功平衡方程；F_{Q} 为 G_A 个电网无功平衡方程；F_{L} 表征天然气管网 $N–1$ 个节点（平衡节点除外）的流量方程；F_{S} 表征 S 个压缩机的压缩比方程。

2.2　基于牛顿下山法的统一潮流模型求解

2.2.1　牛顿下山法的基本思想

对给定的一组非线性方程组 $F(X) = 0$，在给定的初值 X_0 对其进行泰勒展开，并保留一次项，则有

$$F\left(X\right) = 0 \approx F\left(X_0\right) + J\Delta X \qquad (2\text{-}14)$$

式中，J 为雅可比矩阵；ΔX 为增量。

传统的牛顿法以线性表达式（2-14）为核心，在给定的初值 X_0 下，获得 $F(X_0)$ 和 J，反解 ΔX，进一步修正初值为 $X_0 + \Delta X$，再进行下一轮的迭代，最终逼近原非线性方程组的解。牛顿法虽然具有二次收敛特性，但其对初值选择较为敏感。为解决天然气管网潮流计算中对初值选择敏感的问题[4]，牛顿下山法在牛顿法的基础上，通过引入步长修正因子，对每次迭代变量的更新值进行改进。具体地，在第 p 次迭代时，有

$$\Delta X^{(p)} = -\left[J^{(p)} \right]^{-1} F\left[X^{(p)} \right] \tag{2-15}$$

$$X^{(p+1)} = X^{(p)} + \lambda^{(p)} \Delta X^{(p)} \tag{2-16}$$

式中，$\lambda^{(p)}$ 为第 p 次迭代时的步长修正因子，由表 2-1 所示流程给定。

表 2-1 第 p 次迭代时步长修正因子

初值：$\lambda^{(p)} = 1$
定义：$F_1 = \|F[X^{(p)}]\|_2$ （$\|*\|_2$ 为向量 $*$ 的二范数）
计算：$R = X^{(p)} + \lambda^{(p)} \Delta X^{(p)}$；eps $= \|F(R)\|_2 - F_1$

While eps>0:   （牛顿下山法的核心循环步骤）
  $\lambda^{(p)} = \lambda^{(p)}/2$
  $R = X^{(p)} + \lambda^{(p)} \Delta X^{(p)}$
  eps $= \|F(R)\|_2 - F_1$
End

输出：$\lambda^{(p)}$

综上，在给定初值 X_0 下，经过式（2-15）和式（2-16）反复迭代，每次迭代过程基于表 2-1 所述步骤更新步长修正因子，一直进行到满足收敛判据，即

$$\left\| F[X^{(p)}] \right\|_2 < \varepsilon \tag{2-17}$$

式中，ε 指收敛精度，为预先给定的小正数。

2.2.2 统一潮流模型求解流程

采用牛顿下山法，对式（2-13）所描述的统一潮流模型构造式（2-15）的迭代格式，对每次迭代时，有

$$
\begin{bmatrix} \Delta V^{(p)} \\ \Delta \theta^{(p)} \\ \Delta \pi^{(p)} \\ \Delta f_{\text{LOSS}}^{(p)} \end{bmatrix} = -\begin{bmatrix} \dfrac{\partial F_P}{\partial V} & \dfrac{\partial F_P}{\partial \theta} & \dfrac{\partial F_P}{\partial \pi} & \dfrac{\partial F_P}{\partial f_{\text{LOSS}}} \\ \dfrac{\partial F_Q}{\partial V} & \dfrac{\partial F_Q}{\partial \theta} & \dfrac{\partial F_Q}{\partial \pi} & \dfrac{\partial F_Q}{\partial f_{\text{LOSS}}} \\ \dfrac{\partial F_L}{\partial V} & \dfrac{\partial F_L}{\partial \theta} & \dfrac{\partial F_L}{\partial \pi} & \dfrac{\partial F_L}{\partial f_{\text{LOSS}}} \\ \dfrac{\partial F_S}{\partial V} & \dfrac{\partial F_S}{\partial \theta} & \dfrac{\partial F_S}{\partial \pi} & \dfrac{\partial F_S}{\partial f_{\text{LOSS}}} \end{bmatrix}_{(p)}^{-1} \begin{bmatrix} F_P\left(V^{(p)}, \theta^{(p)}, \pi^{(p)}, f_{\text{LOSS}}^{(p)}\right) \\ F_Q\left(V^{(p)}, \theta^{(p)}, \pi^{(p)}, f_{\text{LOSS}}^{(p)}\right) \\ F_L\left(V^{(p)}, \theta^{(p)}, \pi^{(p)}, f_{\text{LOSS}}^{(p)}\right) \\ F_S\left(V^{(p)}, \theta^{(p)}, \pi^{(p)}, f_{\text{LOSS}}^{(p)}\right) \end{bmatrix} \tag{2-18}
$$

式（2-18）中，对雅可比矩阵按虚线分块，并定义

$$
\boldsymbol{J} = \begin{bmatrix} \boldsymbol{J}_{\mathrm{EE}} & \boldsymbol{J}_{\mathrm{EG}} \\ \boldsymbol{J}_{\mathrm{GE}} & \boldsymbol{J}_{\mathrm{GG}} \end{bmatrix} = \left[\begin{array}{cc|cc} \dfrac{\partial \boldsymbol{F}_{\mathrm{P}}}{\partial \boldsymbol{V}} & \dfrac{\partial \boldsymbol{F}_{\mathrm{P}}}{\partial \boldsymbol{\theta}} & \dfrac{\partial \boldsymbol{F}_{\mathrm{P}}}{\partial \boldsymbol{\pi}} & \dfrac{\partial \boldsymbol{F}_{\mathrm{P}}}{\partial \boldsymbol{f}_{\mathrm{LOSS}}} \\ \dfrac{\partial \boldsymbol{F}_{\mathrm{Q}}}{\partial \boldsymbol{V}} & \dfrac{\partial \boldsymbol{F}_{\mathrm{Q}}}{\partial \boldsymbol{\theta}} & \dfrac{\partial \boldsymbol{F}_{\mathrm{Q}}}{\partial \boldsymbol{\pi}} & \dfrac{\partial \boldsymbol{F}_{\mathrm{Q}}}{\partial \boldsymbol{f}_{\mathrm{LOSS}}} \\ \hline \dfrac{\partial \boldsymbol{F}_{\mathrm{L}}}{\partial \boldsymbol{V}} & \dfrac{\partial \boldsymbol{F}_{\mathrm{L}}}{\partial \boldsymbol{\theta}} & \dfrac{\partial \boldsymbol{F}_{\mathrm{L}}}{\partial \boldsymbol{\pi}} & \dfrac{\partial \boldsymbol{F}_{\mathrm{L}}}{\partial \boldsymbol{f}_{\mathrm{LOSS}}} \\ \dfrac{\partial \boldsymbol{F}_{\mathrm{S}}}{\partial \boldsymbol{V}} & \dfrac{\partial \boldsymbol{F}_{\mathrm{S}}}{\partial \boldsymbol{\theta}} & \dfrac{\partial \boldsymbol{F}_{\mathrm{S}}}{\partial \boldsymbol{\pi}} & \dfrac{\partial \boldsymbol{F}_{\mathrm{S}}}{\partial \boldsymbol{f}_{\mathrm{LOSS}}} \end{array} \right] \tag{2-19}
$$

式中，$\boldsymbol{J}_{\mathrm{EE}}$、$\boldsymbol{J}_{\mathrm{EG}}$、$\boldsymbol{J}_{\mathrm{GE}}$ 和 $\boldsymbol{J}_{\mathrm{GG}}$ 指雅可比矩阵 $\boldsymbol{J}$ 对应的子阵。其中，对角块 $\boldsymbol{J}_{\mathrm{EE}}$ 和 $\boldsymbol{J}_{\mathrm{GG}}$ 分别表示单独的电网和天然气管网潮流求解的雅可比矩阵。非对角块 $\boldsymbol{J}_{\mathrm{EG}}$ 和 $\boldsymbol{J}_{\mathrm{GE}}$ 反映电网和天然气管网之间的耦合关系。当燃气轮机和 P2G 设备均不作为平衡机组时，非对角块 $\boldsymbol{J}_{\mathrm{EG}}$ 和 $\boldsymbol{J}_{\mathrm{GE}}$ 为 **0** 矩阵。而当燃气轮机和 P2G 设备作为平衡节点时，非对角块 $\boldsymbol{J}_{\mathrm{EG}}$ 和 $\boldsymbol{J}_{\mathrm{GE}}$ 不为 **0** 矩阵。

具体地，当某一台燃气轮机作为电网平衡节点时，该节点对应的天然气管网流量平衡方程存在变量 P_{GT}，而基于该节点所在电网节点的功率平衡方程，P_{GT} 为变量 $\boldsymbol{V}$、$\boldsymbol{\theta}$ 的函数，故此时 $\partial \boldsymbol{F}_{\mathrm{L}}/\partial \boldsymbol{V}$、$\partial \boldsymbol{F}_{\mathrm{L}}/\partial \boldsymbol{\theta}$ 存在非 0 元素，即左下角矩阵 $\boldsymbol{J}_{\mathrm{GE}}$ 不为 **0** 矩阵。同理，当某一台 P2G 设备作为天然气管网的平衡节点时，右上角矩阵 $\boldsymbol{J}_{\mathrm{EG}}$ 不为 **0** 矩阵。

综上，基于牛顿下山法的电-气耦合网络统一潮流模型流程图如图 2-2 所示。

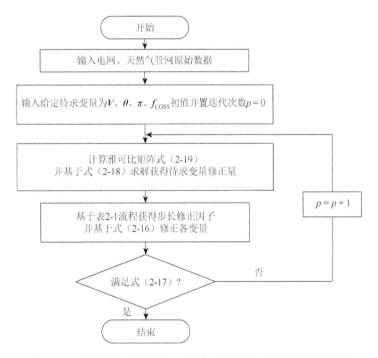

图 2-2　基于牛顿下山法的电-气耦合网络统一潮流模型流程图

2.3 统一潮流灵敏度矩阵及相互作用机理分析指标

2.3.1 灵敏度分析方法

灵敏度分析方法的研究是基于系统当前的状态，可量化受扰动情况下系统状态量的变化[1]。假定一给定系统的状态方程为 $H(U, W) = 0$，(U, W) 为系统当前运行点，其中 U 和 V 分别为系统状态量和扰动变量。

当系统受到扰动 ΔW，系统运行点变化为 $(U + \Delta U, W + \Delta W)$ 时，有

$$H(U + \Delta U, W + \Delta W) = 0 \tag{2-20}$$

对式（2-20）在 (U, W) 点进行泰勒展开，并保留一次项，有

$$H(U + \Delta U, W + \Delta W) = 0 \approx H(U, W) + \frac{\partial H}{\partial U}\Delta U + \frac{\partial H}{\partial W}\Delta W$$

$$\Rightarrow \frac{\partial H}{\partial U}\Delta U = -\frac{\partial H}{\partial W}\Delta W \tag{2-21}$$

$$\Rightarrow \Delta U = -\left(\frac{\partial H}{\partial U}\right)^{-1}\frac{\partial H}{\partial W}\Delta W$$

进一步地，定义灵敏度矩阵 S_{ANY} 为

$$S_{\text{ANY}} = -\left(\frac{\partial H}{\partial U}\right)^{-1}\frac{\partial H}{\partial W} \tag{2-22}$$

由式（2-21）和式（2-22）可知，灵敏度矩阵 S_{ANY} 可反映单位扰动 ΔW 下系统状态量的变化 ΔU。因此，在系统当前状态已知的条件下，通过求解灵敏度矩阵，可明晰系统不利因素（一般以扰动量表征）对系统的影响。基于电网-天然气管网统一潮流模型，在当前潮流状态已知情况下，可用灵敏度分析的方法分析系统扰动对电网和天然气管网的影响，分析相互作用传播机理，从而规避风险。

2.3.2 统一潮流灵敏度矩阵

统一潮流模型中，状态量为潮流模型的待求量，即 $U = [V、\theta、\pi、f_{\text{LOSS}}]$。而系统扰动量可用注入功率波动来表征，则有 $W = [P、Q、f_{\text{C}}]$。该扰动一方面可用来反映系统负荷功率的波动，另一方面也可反映可再生能源注入系统功率的波动。而状态方程 $H(U, W) = 0$ 则为 2.1 节所建立的统一潮流模型。

进一步地，由式（2-22）的灵敏度矩阵公式看，$\partial H / \partial U$ 即为潮流计算所用的雅可比矩阵式（2-19）。由于当前潮流状态下，$P、Q、f_{\text{C}}$ 一般为已知量，则

$$\frac{\partial \boldsymbol{H}}{\partial \boldsymbol{W}} = \begin{bmatrix} \boldsymbol{I}_{(G_A+G_B)\times(G_A+G_B)} & \boldsymbol{0} & \boldsymbol{0} \\ \boldsymbol{0} & \boldsymbol{I}_{G_A\times G_A} & \boldsymbol{0} \\ \boldsymbol{0} & \boldsymbol{0} & \boldsymbol{I}_{(N-1)\times(N-1)} \end{bmatrix} \qquad (2\text{-}23)$$

式中，$\boldsymbol{I}$ 表示单位矩阵。因此，电网-天然气管网统一潮流灵敏度矩阵 $\boldsymbol{S}_{\text{ANY}}$ 为

$$\boldsymbol{S}_{\text{ANY}} = -\left(\frac{\partial \boldsymbol{H}}{\partial \boldsymbol{U}}\right)^{-1} \frac{\partial \boldsymbol{H}}{\partial \boldsymbol{W}} = -\boldsymbol{J}^{-1} \qquad (2\text{-}24)$$

进一步对灵敏度矩阵按状态量-扰动量的维度进行分块，$\boldsymbol{S}_{\text{ANY}}$ 可表示为

$$\boldsymbol{S}_{\text{ANY}} = -\boldsymbol{J}^{-1} = \begin{bmatrix} \dfrac{\partial \boldsymbol{V}}{\partial \boldsymbol{P}} & \dfrac{\partial \boldsymbol{V}}{\partial \boldsymbol{Q}} & \dfrac{\partial \boldsymbol{V}}{\partial \boldsymbol{f}_C} \\[2mm] \dfrac{\partial \boldsymbol{\theta}}{\partial \boldsymbol{P}} & \dfrac{\partial \boldsymbol{\theta}}{\partial \boldsymbol{Q}} & \dfrac{\partial \boldsymbol{\theta}}{\partial \boldsymbol{f}_C} \\[2mm] \dfrac{\partial \boldsymbol{\pi}}{\partial \boldsymbol{P}} & \dfrac{\partial \boldsymbol{\pi}}{\partial \boldsymbol{Q}} & \dfrac{\partial \boldsymbol{\pi}}{\partial \boldsymbol{f}_C} \\[2mm] \dfrac{\partial \boldsymbol{f}_{\text{LOSS}}}{\partial \boldsymbol{P}} & \dfrac{\partial \boldsymbol{f}_{\text{LOSS}}}{\partial \boldsymbol{Q}} & \dfrac{\partial \boldsymbol{f}_{\text{LOSS}}}{\partial \boldsymbol{f}_C} \end{bmatrix} \qquad (2\text{-}25)$$

式中，各子矩阵分别反映某一扰动量变化对某一状态量变化的灵敏度。

2.3.3　相互作用机理分析指标

传统电网分析中，以灵敏度各系数为指标，可分析电网的负荷波动对节点电压的影响，从而定位系统薄弱环节，指导电网运行决策。电网与天然气管网通过燃气轮机和 P2G 设备实现双向耦合，除了以潮流计算分析系统运行态势外，电网与天然气管网的相互作用机理还应注重分析系统扰动（$\boldsymbol{P}$、$\boldsymbol{Q}$、$\boldsymbol{f}_C$）在两个网络之间传播的影响。

当 $\boldsymbol{P}$、$\boldsymbol{Q}$ 发生扰动时，除了会对电网自身状态（如电压质量）产生影响外，还可能因调整耦合机组（如燃气轮机、P2G 设备）出力需要而造成耦合节点气压波动。一旦气压波动越限则反过来会造成耦合设备出力不稳定，对电网产生影响。另外，当天然气管网 $\boldsymbol{f}_C$ 发生扰动时，会对天然气管网的状态（如气压）产生影响。由于对气压安全性的要求，一旦连接耦合设备节点气压越限，则可能会影响耦合设备的安全运行，进而会对电网产生影响。

因此，为评估系统扰动在电网和天然气管网相互作用机理，可利用天然气管网气压-注入功率灵敏度为表征量，明晰不利因素扰动对耦合网络的影响，量化耦合设备的安全运行边界，并借此可以分析双向耦合下两个网络相互作用机理。基于式（2-25）的统一潮流灵敏度矩阵，天然气管网气压-注入功率灵敏度指标集 Θ 为

$$\Theta = \left\{ \frac{\partial \boldsymbol{\pi}}{\partial \boldsymbol{P}}, \frac{\partial \boldsymbol{\pi}}{\partial \boldsymbol{Q}}, \frac{\partial \boldsymbol{\pi}}{\partial f_{\mathrm{C}}} \right\} \tag{2-26}$$

式（2-26）考虑了多种扰动对天然气管网气压的影响，为对多个指标进行综合评估，可定义用于相互作用机理分析的天然气管网气压-注入功率综合灵敏度指标 SP 为

$$\mathrm{SP}_n = \sum_{g=1}^{G} \frac{\partial \pi_n}{\partial P_g} \Delta P_g + \sum_{g=1}^{G} \frac{\partial \pi_n}{\partial Q_g} \Delta Q_g + \sum_{n'=1}^{N} \frac{\partial \pi_n}{\partial f_{\mathrm{C},n'}} \Delta f_{\mathrm{C},n'} \tag{2-27}$$

式中，下标 g、n 分别指电网节点 g 和天然气管网节点 n；n' 定义同 n；G、N 定义同前文，分别为电网和天然气管网的节点数，各项偏导为式（2-26）指标集中各向量的元素。特别地，当天然气节点为燃气轮机或 P2G 设备，从该节点的综合灵敏度指标还可量化耦合节点气压受扰的影响程度，进而分析是否对电网安全存在影响，指导系统运行决策。

2.4　算　例　分　析

采用 3 个不同规模电-气耦合网络进行分析。TEST1 由 IEEE-14 节点电网与 10 节点天然气管网构成；TEST2 由 IEEE-39 节点电网与 20 节点天然气管网构成；TEST3 由 IEEE-118 节点电网与 90 节点天然气管网构成。TEST1 用来分析电网和天然气管网的耦合机理，TEST1～TEST3 用来对比分析本书提出潮流算法的有效性。电网参数由 Matpower 软件提供，天然气管网的网络拓扑参数详见附录 A。

2.4.1　燃气轮机耦合作用下的影响机理分析

以 TEST1 为例，仿真结构示意图如图 2-3 所示。该仿真分析中，设置 1 号燃气轮机（MT1）为平衡节点，暂不考虑 P2G 设备出力。在燃气轮机不同出力水平下，对天然气管网气压当前运行态，气压-注入功率综合灵敏度指标 SP 进行分析。指标计算时，扰动量场景设置如下。

（1）场景 1：仅考虑天然气管网全网气负荷的波动，设置波动增加 2%。该场景用以分析天然气管网扰动对两个网络的影响。

（2）场景 2：仅考虑电网全网电负荷的波动，设置波动增加 2%。该场景用以分析电网扰动对两个网络的影响。

需说明的是，综合灵敏度指标 SP 计算式中 ΔP、ΔQ、Δf_{C} 为注入功率的扰动量，当表示全网负荷增加 2%，即为注入减少，故扰动量设置为负值。

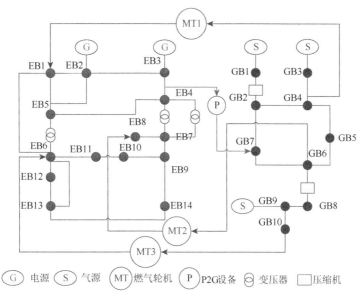

图 2-3　TEST1 仿真结构示意图

图 2-4 给出了燃气轮机出力不同水平下，天然气管网节点的气压状态，表 2-2 和表 2-3 则分别给出了场景 1 和场景 2 下灵敏度指标 SP 的计算值。

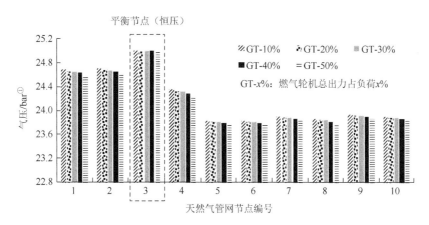

图 2-4　燃气轮机不同运行水平下各节点气压大小

由图 2-4 可知，随着燃气轮机出力水平的上升，除了燃气轮机对应的节点（节点 4、6、10）气压有所下降外，天然气管网其他节点（平衡节点 GB3 除外）的气压水平也有所降低。GB3 为平衡节点，气压保持恒定。当燃气轮机出力提升使得耗天然气量增加过多时，节点气压存在越过下限的风险。

进一步地，由表 2-2 可知，随着燃气轮机出力占比的增加，天然气管网各节点气压-

———————————

① 1 bar = 10^5 Pa

注入功率综合灵敏度指标绝对值越大，数据中的负号表明节点气压是下降的。该结果表明，在相同的天然气负荷波动下，燃气轮机出力越大，天然气管网节点的气压对天然气负荷波动越敏感，波动引起的天然气管网气压节点下降程度更大，对于燃气轮机所在的天然气管网节点越容易达到安全限值，进而对燃气轮机的出力产生影响。

横向对比处于不同位置节点的综合灵敏度指标，可以发现，处于天然气管网末端的节点 10（即 MT3 所处节点）综合灵敏度绝对值最大，原因是节点 10 处于天然气管网末端，距离气源点远，当系统受扰动时受影响的程度大。而分别对于 MT1 和 MT2 所处节点，即节点 4 和节点 6，可以发现节点 6 的气压比节点 4 气压对天然气管网负荷变化更为敏感。原因是节点 4 靠近气源，具有稳压作用，故气压不易受负荷变化的影响。通过对不同燃气轮机节点的气压-注入功率灵敏度进行分析，有助于对负荷调节位置进行适当选择，避免因负荷调节造成燃气轮机节点气压变化较大致使气压越限的情况发生。

表 2-2　场景 1 下的气压-注入功率综合灵敏度指标

燃气轮机出力占比/%	综合灵敏度指标 SP_n（n 为天然气管网节点，$n=4$、6、10 为燃气轮机节点）								
	SP_1	SP_2	SP_4	SP_5	SP_6	SP_7	SP_8	SP_9	SP_{10}
10	−0.0349	−0.0349	−0.0269	−0.0394	−0.0396	−0.0387	−0.0396	−0.0413	−0.0423
20	−0.0352	−0.0352	−0.0272	−0.0396	−0.0397	−0.0388	−0.0397	−0.0415	−0.0424
30	−0.0352	−0.0353	−0.0273	−0.0396	−0.0397	−0.0389	−0.0397	−0.0415	−0.0425
40	−0.0356	−0.0356	−0.0277	−0.0398	−0.0399	−0.0390	−0.0399	−0.0417	−0.0426
50	−0.0361	−0.0361	−0.0283	−0.0401	−0.0401	−0.0393	−0.0401	−0.0419	−0.0428

再者，由表 2-3 可知，当电网全网负荷增加时，也将引起天然气管网节点气压下降。其主要原因是燃气轮机 MT1 作为电网的平衡节点，当电网负荷扰动时需通过平衡节点实现电网功率的平衡，使得燃气轮机所需燃气增加进而引起了天然气管网气压下降，并且随着燃气轮机出力占比的增加，对天然气管网气压影响程度越大。同时还可以发现，在电网负荷波动所引起的气压波动节点中，对节点 4 的影响程度最大，其原因是该节点与作为电网平衡节点的燃气轮机 MTI 相连，物理距离最近进而影响程度最大。

表 2-3　场景 2 下的气压-注入功率综合灵敏度指标

燃气轮机出力占比/%	综合灵敏度指标 SP_n（n 为天然气管网节点，$n=4$、6、10 为燃气轮机节点）								
	SP_1	SP_2	SP_4	SP_5	SP_6	SP_7	SP_8	SP_9	SP_{10}
10	−1.4113	−1.4127	−1.8474	−1.1058	−1.0950	−1.1049	−1.0961	−1.0380	−1.0302
20	−1.4293	−1.4308	−1.8738	−1.1236	−1.1143	−1.1235	−1.1154	−1.0559	−1.0480
30	−1.4329	−1.4343	−1.8789	−1.1271	−1.1181	−1.1272	−1.1193	−1.0594	−1.0515
40	−1.4518	−1.4532	−1.9068	−1.1463	−1.1393	−1.1475	−1.1404	−1.0790	−1.0710
50	−1.4832	−1.4847	−1.9529	−1.1786	−1.1752	−1.1817	−1.1764	−1.1122	−1.1039

综上分析可知，在燃气轮机耦合的作用下，电网和天然气管网中任一网络存在扰动都可能对两个网络产生影响。对于耦合环节来看，随着耦合程度的加深，燃气轮机承担发电功率增加，除了会进一步拉低接入点气压外，对系统发生扰动也将更为敏感，存在气压越过下限的风险。

2.4.2　P2G 设备耦合作用下的影响机理分析

该节仿真仍以 TEST1 为仿真模型，为单独反映 P2G 设备耦合作用下的影响机理。取 2.4.1 节中燃气轮机中出力 30%的情况，不考虑其作为平衡节点。分析 P2G 设备不同出力水平下对耦合节点的影响，同时设置 P2G 设备节点在不同出力水平下存在 2%的扰动。该扰动主要模拟 P2G 设备用于调节可再生能源功率波动的情景，并以耦合节点综合灵敏度指标分析耦合节点运行状态。表 2-4 给出了不同 P2G 设备出力水平下该耦合节点的气压及综合灵敏度。

表 2-4　不同 P2G 设备出力水平下的耦合节点气压及综合灵敏度

P2G 设备出力/%	气压/bar	综合灵敏度指标 SP
10	23.849 1	0.004 683
20	23.872 5	0.004 689
30	23.896 0	0.004 694
40	23.919 5	0.004 700
50	23.943 0	0.004 705

从表 2-4 可以看出，随着 P2G 设备出力的增加，P2G 设备接入节点的节点气压和节点综合灵敏度指标随之对应变大。表明 P2G 设备接入节点气压随着 P2G 设备注入功率增大而对系统波动变化越敏感，越容易受扰动变化的影响。

P2G 气源作为接入天然气管网的气源，节点的气压较负荷端高。故 P2G 设备出力下降时接入点的气压较难越下限。反之，随着耦合程度的加深，P2G 设备承担消纳可再生能源而出力增大，注入天然气管网流量增加，除了会进一步提升接入点气压外，对系统的扰动也将更为敏感，存在耦合节点气压越上限的风险。

2.4.3　牛顿下山法的计算效果分析

在 2.4.1 节所用 TEST1 算例基础上，增加算例 TEST2（含 2 台燃气轮机和 1 台 P2G

设备耦合）和 TEST3（含 18 台燃气轮机和 1 台 P2G 设备耦合）。通过对天然气管网状态量设置不同的初值，对比验证牛顿下山法与传统牛顿法在计算效果上的优劣。天然气管网状态量基准初值设为额定值。

表 2-5 给出了不同算例在不同算法下的计算效果对比。对比项设置中，以与基准初值成倍数对天然气管网状态量初值进行修改。

表 2-5　不同算法下的计算效果对比

	与基准初值倍数	TEST1		TEST2		TEST3	
		NT	NTD	NT	NTD	NT	NTD
时间/s	0.95	0.4483	0.0804	2.3645	0.8355	50.9710	3.4377
	1.00	0.2775	0.0760	3.8975	0.6527	47.8458	4.5174
	1.05	0.2841	0.0830	6.0657	0.3397	51.6674	3.5678
迭代次数/次	0.95	119	9	98	17	342	15
	1.00	67	9	147	14	317	15
	1.05	50	10	224	12	298	13

注：表中 NT 表示传统牛顿法；NTD 表示牛顿下山法

由表 2-5 可以看出，当天然气管网状态量的初值发生改变后，利用牛顿迭代法运算的迭代次数和时间都会对应改变。反之，采用牛顿下山法在进行潮流求解时所需的迭代次数和时间比较稳定，基本不受给定初值不同的影响。在 TEST2 和 TEST3 的算例计算中还可以看出，使用牛顿迭代法进行潮流计算时，在电网和天然气管网耦合网络规模较大时潮流求解所需的迭代次数达到了几百次且迭代时间较长。

由此，在电网和天然气管网耦合网络的潮流计算中，由于天然气状态量初值难以设定且采用传统牛顿法解统一潮流对初值敏感，采用牛顿下山法则可以避免初值不同对潮流计算的影响，提高潮流计算的效率。

2.5　本 章 小 结

面向电网和天然气管网耦合不断加深的背景，类似电网中潮流节点-支路建模思路，建立了电网和天然气管网统一潮流模型，通过变量压缩方法对潮流模型进行简化，采用牛顿下山法进行统一潮流模型求解。此外，基于灵敏度分析方法，以电-气耦合节点气压-注入功率灵敏度为表征量，提出了综合灵敏度指标，并基于此分析电网-天然气管网耦合作用下的相互影响。主要结论如下。

（1）随着电网和天然气管网耦合程度的加深，燃气轮机承担发电功率增加，燃气轮机作为气负荷接入天然气管网除了会进一步拉低接入点气压外，对系统发生扰动也将更为敏感。反之，P2G 气源作为气源注入天然气管网，随着出力的增加，除了会进一步提升接入点气压外，对系统发生扰动也将更为敏感。为避免气压越限，电网与天然气管网联合运行时需计及天然气管网的约束。

（2）利用综合灵敏度指标可明晰扰动对耦合系统的影响，快速定位系统薄弱环节，在系统薄弱环节设置储气装置对改善气压水平有更优效果，为提升系统安全稳定裕度提供了决策帮助。

（3）采用牛顿下山法可以有效解决天然气管网潮流计算初值敏感问题，适用于电网和天然气管网统一潮流计算。与传统的牛顿法相比，具有计算速度快，收敛性好的效果。

参 考 文 献

[1] 苏洁莹，林楷东，张勇军，等. 基于统一潮流建模及灵敏度分析的电-气网络相互作用机理[J]. 电力系统自动化，2020，44（2）：43-52.

[2] 陈泽兴，林楷东，张勇军，等. 电-气互联系统建模与运行优化研究方法评述[J]. 电力系统自动化，2020，44（3）：11-23.

[3] 苏洁莹，邓丰强，张勇军. 考虑相依特性的电-气互联网络故障评估方法[J]. 电力自动化设备，2021，41（11）：32-39.

[4] Martinez-Mares A，Fuerte-Esquivel C R. A unified gas and power flow analysis in natural gas and electricity coupled networks[J]. IEEE Transactions on Power Systems，2012，27（4）：2156-2166.

第3章 电-气耦合网络相依特性模型与故障评估方法

电-气耦合网络统一潮流灵敏度分析揭示了电网和天然气管网相互作用机理，随着电网和天然气管网的耦合程度增强，两网间相互作用影响增大，不可避免地给系统安全运行带来了新的挑战。电网和天然气管网通过燃气轮机和 P2G 设备建立起双向耦合关系，能量相互流动，一个子网的故障扰动会影响另一个子网的正常运行，甚至引起连锁故障。实际上已发生多起因电网与天然气管网连锁故障造成的大规模停电事故，故障传播对电-气耦合网络的安全运行造成了威胁。因此，有必要研究相依特性下故障在两网间传播对电-气耦合网络安全运行的影响。基于此，本章构建电-气耦合网络相依特性模型，提出连锁故障评估方法，深度分析电网和天然气管网之间的故障传播影响，为电-气耦合网络安全运行分析提供决策依据。

3.1 电-气耦合网络的相依特性模型

3.1.1 电-气耦合网络的耦合结构

电网与天然气管网通过耦合设备紧密相连，通过耦合功率的传输形成能量的双向流通，电-气耦合网络的耦合设备除 2.1 节所提的燃气轮机和 P2G 设备外，还包括天然气管网中以电力驱动的压缩机。

1. 燃气轮机和 P2G 设备

燃气轮机将能量由天然气管网流向电网，而 P2G 设备是将电力转化为天然气，表征燃气轮机和 P2G 设备稳态能量转换关系的模型如式（2-1）和式（2-2）所示。

2. 电驱动压缩机

在天然气压缩机模型选择中，采用电驱动压缩机模型，即当压缩机消耗的能量由电网供应时，此时压缩机可视为电网中的等效电负荷[1]

$$P_C = H_C \frac{0.7457}{10^3} \tag{3-1}$$

其中，P_C 为电驱动压缩机的等效电负荷；H_C 为压缩机消耗的电能。

3.1.2 电-气耦合网络的相依特性

相依网络是从复杂网络演变而来的，全相依的相依网络模型描述了发生故障后电力一、二次系统间因存在依从关系从而导致故障扩散的迭代过程机理[2]。相依网络模型可用于研究具有耦合关系的网络之间的动态影响过程。区别于孤立网络，由于相依网络的节点之间存在相依性，相依网络在发生故障后引发级联失效的过程会更剧烈。

通过电网与天然气管网间耦合功率的传输，电-气耦合网络具备了相依网络的相依特性。一个子网的故障扰动会影响另一子网的正常运行，引发故障在子网间传播，甚至可能引起网络间的连锁故障。当电网发生扰动时，电网的运行状态与功率平衡受到影响，可能需要通过调整发电机出力与切除部分负荷来满足功率平衡。这一过程会引起耦合设备的状态变化，导致耦合设备出力不稳定或被切除等，可能因此影响天然气管网的安全运行。若耦合环节的节点气压越限，不仅会对天然气管网安全运行产生影响，也会造成耦合机组出力的不稳定而进一步加剧电网的故障，引发 IEGN 的连锁故障。同样地，当天然气管网发生扰动时，天然气管网的运行状态与能量流平衡会受此影响。若引起气负荷的切除或耦合节点气压的越限，耦合设备的安全运行会被影响，会因此影响电网安全运行。若因此波及天然气管网所需的电力供应，会进一步影响天然气管网的运行状态，甚至造成 IEGN 的连锁崩溃。

由于目前多种能源供应尚未完善，当电网或天然气管网发生故障时，电-气耦合网络会优先切除能源转换负荷[3]，从而增加了故障在两网间传播的可能性。电-气耦合网络双向耦合的能量流动提高了两网间的能源利用效率，但电网与天然气管网间的相依特性会引发两网间故障相互传播，增加了电-气耦合网络连锁故障的风险，威胁 IEGN 的安全稳定运行。

由此可见，考虑电-气耦合网络的相依特性，电-气耦合网络双向耦合的能量流动将会引发故障在两网间传播。当电网与天然气管网耦合程度不同时，两网间耦合功率的传输发生改变，由此影响故障在两网间的传播特性。为此，本书通过构建传输功率占比指标来分析不同耦合程度下故障在两网间的传播特性，传输功率占比可定义为

$$
\begin{cases}
\lambda_{GT} = \dfrac{\sum\limits_{m} P_{GT,m}}{\sum\limits_{n} P_{G,n}} & m,n \in N_e \\[4mm]
\lambda_{P2G} = \dfrac{\sum\limits_{p} W_{P2G,p}}{\sum\limits_{q} W_{G,q}} & p,q \in N_g
\end{cases}
\tag{3-2}
$$

式中，λ_{GT} 和 λ_{P2G} 分别为燃气轮机和 P2G 设备的传输功率占比；$P_{GT,m}$ 和 $P_{G,n}$ 分别为节点 m 处燃气轮机的出力和节点 n 处发电机的出力；$W_{P2G,p}$ 和 $W_{G,q}$ 分别为节点 p 处 P2G 气源的出气量和节点 q 处天然气气源的出气量；N_e 和 N_g 分别表示电网节点集合和天然气管网节点集合。

3.2 电-气耦合网络连锁故障评估模型

3.2.1 连锁故障影响评估指标

当发生不同的故障扰动时，系统运行状态会受到不同程度的影响，通过构建相应的指标可评估故障对系统的破坏程度，本节从系统供能效率与供能可靠性角度，采用负荷损失率以及全局网络效能损失率来反映故障对系统运行状态的影响以及恶化趋势。

1. 负荷损失率

当系统发生故障扰动，故障程度严重时需要通过切除系统负荷来满足功率平衡，系统运行状态会被改变，若造成很大比例的负荷损失，供能效率将随之降低。因此，可通过负荷损失率反映系统供能效率的下降程度，从而反映故障对系统的破坏程度。负荷损失率 C_k 可表示为故障时段内负荷切除总量占该时段内故障前总负荷的比例。

$$C_k = \frac{\sum\limits_{i=1}^{n_c} P_i - \sum\limits_{s=1}^{n_s} \sum\limits_{i=1}^{n_s^k} P_{s,i}^k}{\sum\limits_{i=1}^{n_c} P_i} \tag{3-3}$$

式中，P_i 为未发生故障时节点 i 的系统可供电网负荷/气流量；$P_{s,i}^k$ 为发生第 k 次故障时孤岛 s 中节点 i 的系统可供电网负荷/气流量；n_c 为所计算系统的负荷节点总数；n_s 为故障后孤岛总数；n_s^k 为第 k 次故障后孤岛 s 内节点总数。负荷损失率反映了故障对系统造成的破坏程度，负荷损失率越大，表示故障造成系统损失的负荷越多，系统运行状态被破坏的程度越严重。

2. 全局网络效能损失率

为了体现电网与天然气管网的相依特性对故障传播的影响，采用网络效能值反映故障对系统供能可靠性的影响。网络效能值可反映网络的连通性，网络效能值越大表示网络能量传输更通畅。当系统受到扰动时，网络结构以及运行状态均有可能被影响，能量传输可能受到阻碍。网络效能值的损失可以从整体上反映故障对于系统运行状态的破坏程度。

在复杂网络理论中，将节点对（m, n）间的效能值定义为节点对间最短距离的倒数。当节点对间不存在直接或间接连接时，效能值为 0。为评估故障对网络连通与供能传输的影响，结合 IEGN 网络物理特性，计算效能值时用节点对间最短电气/燃气距离代替最短距离，并赋以发电机/气源出力和电网/天然气管网负荷大小作为权重。在此基础上，定义全局网络效能为系统中所有节点对间效能值的平均值并且用以定量分析系统整体的传输效能，第 k 次故障后全局网络效能值 E_k 可定义为

$$E_k = \frac{1}{n_G n_L} \sum_{m=1}^{n_G} \sum_{n=1}^{n_L} \frac{\min\{\omega_m \omega_n\}}{d_{mn}^k} \tag{3-4}$$

式中，ω_m 为节点 m 处发电机/气源的权重，其值为发生故障后电机/气源节点的节点总注入功率；ω_n 为节点 n 处电网/天然气管网负荷的权重，其值为发生故障后电网/天然气管网负荷节点的节点总注入功率；d_{mn}^k 为第 k 次故障后节点对间最短电气/燃气距离，其值为两点之间的等值阻抗；n_G 和 n_L 分别为发电机/气源节点和负荷节点的总数。

全局网络效能值可以衡量系统全局供能传输能力，全局网络效能值越大，节点间的能源传输与转换效率越高，系统的供能可靠性越高。为了进一步评估故障对于系统供能传输能力的影响程度，定义全局网络效能损失率 W_k 为

$$W_k = \frac{E_0 - E_k}{E_0} \times 100\% \tag{3-5}$$

式中，E_0 为未发生任何故障时的全局网络效能值。全局网络效能损失率越大表示故障造成的网络效能损失越多，即故障对网络的能量传输影响越大。

3.2.2　电-气耦合网络连锁故障影响评估流程

为分析故障在电网与天然气管网之间的传播的影响，以及考虑天然气管网随机故障对电网连锁故障的影响和电网随机故障对天然气管网连锁故障的影响，采用蒙特卡罗故障模拟法进行故障模拟，以反映故障发生的随机性。天然气管网故障集主要是气源的供应中断，电网故障集则主要包括在实际运行情况下较为常见的传输线

路 N–1 断线故障和发电机组的故障。基于此，电-气耦合网络连锁故障影响评估流程图如图 3-1 所示。

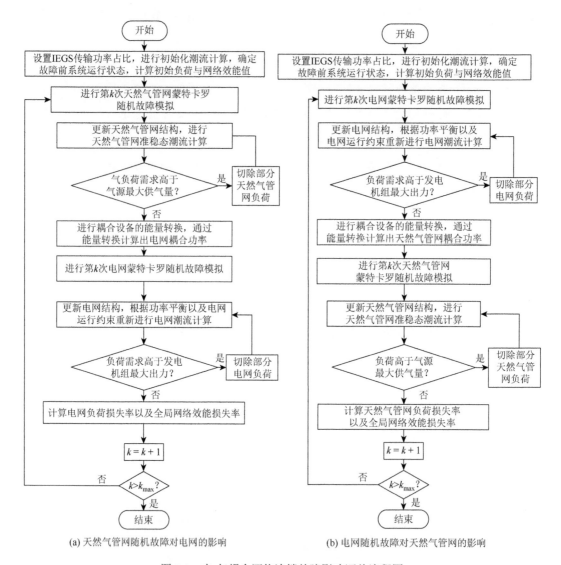

(a) 天然气管网随机故障对电网的影响　　　　　　(b) 电网随机故障对天然气管网的影响

图 3-1　电-气耦合网络连锁故障影响评估流程图

主要包括以下步骤：

（1）设置电-气耦合网络的传输功率占比，根据电-气耦合网络给定的初始条件，进行初始潮流计算，确定电网和天然气管网初始潮流的流向和大小，以此作为系统故障前的运行状态，计算初始负荷与网络效能值；

（2）进行第 k 次天然气管网/电网蒙特卡罗随机模拟获取故障状态；

（3）更新天然气管网/电网结构，通过天然气管网准稳态潮流计算/电网潮流计算求取故障下的运行状态；

（4）判断负荷需求是否超出气源最大供气量/发电机组最大出力，若超出，则切除部分天然气管网/电网负荷，并返回至步骤（3）；

（5）进行耦合设备的能量转换，通过能量转换计算出天然气管网/电网耦合功率；

（6）进行第 k 次电网/天然气管网蒙特卡罗随机模拟获取故障状态；

（7）更新电网/天然气管网结构，通过电网潮流计算/天然气管网准稳态潮流计算求取故障下的运行状态；

（8）判断负荷需求是否超出发电机组最大出力/气源最大供气量，若超出，则切除部分天然气管网/电网负荷，并返回至步骤（7）；

（9）计算电网/天然气管网负荷损失率以及全局网络效能损失率，返回步骤（2）进行下一次故障模拟，直至达到最大故障模拟仿真次数。根据得出的指标数据进行电-气耦合网络连锁故障评估。

3.2.3 电-气耦合网络连锁故障模型

1. 计及管存的天然气管网准稳态潮流模型

准稳态潮流模型是指系统在经受操作或扰动后，不考虑系统暂态过程，但计及系统扰动前后新旧稳态间的总变化，考虑新旧稳态间的准稳态过程[4]。电网能量流动快，准稳态过程一般在秒级左右，而天然气流动比电能慢，最终到准稳态过程所需时间在分钟级到小时级左右[5]。由于天然气管网与电网的时间常数相差悬殊，决定了在天然气管网准稳态过程下不同的瞬时状态均可使电力系统过渡至新的稳态，且系统各状态量都向着最终的稳态缓慢地发展。

由于天然气传输具有时延特性，流入管道与流出管道的气流量并不一致，这部分相差的气流量短暂地存储在管道中。天然气传输的慢动态特性可用管存模型等效，在应对系统扰动时天然气管网的管存特性对于负荷变化具有缓冲作用，能够为天然气的可靠供应提供保障。

因此，为全面分析故障在电网与天然气管网间的传播对电-气耦合网络安全运行的影响，采用基于管存模型的天然气管网准稳态潮流模型进行研究。计及管存的天然气管网受扰动后的准稳态过程如图 3-2 所示，主要计及管存前后时刻的耦合状态，考虑天然气管网受扰动后经准稳态过程由受扰前稳态逐渐过渡到新的稳态。图中，$x_G(t)$ 为 t 时刻天然气管网在准稳态过程中的状态；$x_G(0)$ 和 $x_G(n)$ 分别为受扰前和受扰后的稳态。

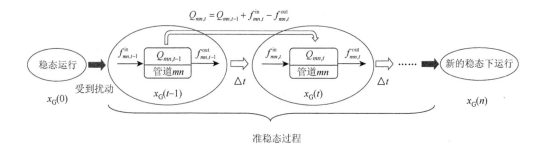

图 3-2　天然气管网受扰动后的准稳态过程

如第 2 章所述，管存与管道参数和管道两端的平均压力成正比，t 时刻储存于管道 mn 的管存容量 $Q_{mn,t}$ 可表示为

$$Q_{mn,t} = M_{mn} \frac{\pi_{m,t} + \pi_{n,t}}{2} \tag{3-6}$$

式中，$\pi_{m,t}$ 和 $\pi_{n,t}$ 分别为 t 时刻输入节点 m 和输出节点 n 的气压；M_{mn} 为管存系数。

t 时刻的管存容量 $Q_{mn,t}$ 与 $t-1$ 时刻的管存容量 $Q_{mn,t-1}$ 以及 t 时刻管道输入的气体流量 $f_{mn,t}^{in}$ 和输出管道的气体流量 $f_{mn,t}^{out}$ 有关，即

$$Q_{mn,t} = Q_{mn,t-1} + f_{mn,t}^{in} - f_{mn,t}^{out} \tag{3-7}$$

1）天然气管网管道传输约束

天然气管道传输方程可描述为

$$\begin{cases} f_{mn,t} = \dfrac{f_{mn,t}^{in} + f_{mn,t}^{out}}{2} \\ \text{sgn}\left(\pi_{m,t} - \pi_{n,t}\right) f_{mn,t}^2 = C_{mn}\left(\pi_{m,t}^2 - \pi_{n,t}^2\right) \\ \text{sgn}\left(\pi_{m,t} - \pi_{n,t}\right) = \begin{cases} 1 & \pi_{m,t} > \pi_{n,t} \\ -1 & \pi_{m,t} < \pi_{n,t} \end{cases} \end{cases} \tag{3-8}$$

式中，$f_{mn,t}$ 为 t 时刻管道平均流量；C_{mn} 为管道参数；$\text{sgn}(*)$ 为符号函数。

结合式（3-6）～式（3-8），整理管道传输约束可得

$$\begin{cases} (f_{mn,t}^{in} - f_{mn,t}^{out})\Delta t = M_{mn} \dfrac{\pi_{m,t} + \pi_{n,t}}{2} - M_{mn} \dfrac{\pi_{m,t-1} + \pi_{n,t-1}}{2} \\ \text{sgn}\left(\pi_{m,t} - \pi_{n,t}\right)\left(\dfrac{f_{mn,t}^{in} + f_{mn,t}^{out}}{2}\right)^2 = C_{mn}\left(\pi_{m,t}^2 - \pi_{n,t}^2\right) \quad m,n \in N_g \end{cases} \tag{3-9}$$

$$f_{mn}^{min} \leqslant f_{mn,t}^{in} \leqslant f_{mn}^{max} \qquad m,n \in N_g \tag{3-10}$$

$$f_{mn}^{min} \leqslant f_{mn,t}^{out} \leqslant f_{mn}^{max} \qquad m,n \in N_g \tag{3-11}$$

式中，f_{mn}^{max} 和 f_{mn}^{min} 分别为管道传输容量的上限和下限。

2）节点气压约束

在实际运行过程中，需将天然气管网的各节点气压控制在合理范围内，具体如下：

$$\pi_i^{\min} \leqslant \pi_{i,t} \leqslant \pi_i^{\max} \qquad i \in N_g \tag{3-12}$$

式中，$\pi_i^{\max}$ 和 $\pi_i^{\min}$ 分别表示节点 i 处气压的最大值和最小值。

3）气源约束

气源出气量受到设备容量及气压等因素的限制，需控制在一定范围内，具体如下：

$$W_{G,i}^{\min} \leqslant W_{G,i,t} \leqslant W_{G,i}^{\max} \qquad i \in N_g \tag{3-13}$$

式中，$W_{G,i}^{\max}$ 和 $W_{G,i}^{\min}$ 分别表示节点 i 处气源出气量的最大值和最小值。

4）压缩机约束

对任一压缩机 C，其运行约束可表示如下：

$$\begin{cases} H_{C,t} = B_C f_{C,t} \left(K_{C,t}^{Z_C} - 1 \right) \\ K_{C,t} = \dfrac{\pi_{C,q,t}}{\pi_{C,p,t}} \\ \tau_{C,t} = \alpha_C + \beta_C H_{C,t} + \gamma_C H_{C,t}^2 \end{cases} \tag{3-14}$$

$$K_C^{\min} \leqslant K_{C,t} \leqslant K_C^{\max} \tag{3-15}$$

式中，$\pi_{C,p,t}$ 和 $\pi_{C,q,t}$ 分别为 t 时刻压缩机进口节点 p 和出口节点 q 的压力；$\tau_{C,t}$ 和 $f_{C,t}$ 分别为 t 时刻压缩机所消耗天然气流量和流经压缩机气流量；$K_{C,t}$ 为 t 时刻压缩比；B_C、Z_C、α_C、β_C、γ_C 为压缩机模型参数，其值均为常数；$K_C^{\max}$ 和 $K_C^{\min}$ 分别为压缩机压缩比的最大值和最小值。

5）负荷削减约束

若气源发生故障时，首先通过增加其他气源输气量以尽可能降低故障带来的影响。若增加其他气源输气量未能满足此时的负荷需求，会造成气流量供应缺额，容易引起管道传输阻塞，此时需对部分气负荷进行切除。负荷的切除需要满足传输管道气压等约束，负荷削减量必须控制在一定范围内。

$$0 \leqslant \Delta L_{L,i,t}^k \leqslant \Delta L_{L,i}^{\max} \qquad i \in N_g \tag{3-16}$$

式中，$\Delta L_{L,i,t}^k$ 为 t 时刻发生第 k 次故障后节点 i 处气负荷削减量；$\Delta L_{L,i}^{\max}$ 为节点 i 处气负荷削减量的最大值。

6）节点流量平衡约束

天然气管网的任一节点需满足节点流量平衡方程。

$$W_{G,i,t} - L_{L,i,t} + \Delta L_{L,i,t} - L_{GT,i,t} + W_{P2G,i,t} - f_{C,i,t} - \tau_{C,i,t} + \sum_{i \in j} \left(f_{ij,t}^{\text{out}} - f_{ij,t}^{\text{in}} \right) = 0 \qquad i \in N_g \tag{3-17}$$

式中，$L_{L,i,t}$、$L_{GT,i,t}$ 和 $W_{P2G,i,t}$ 分别为 t 时刻天然气节点 i 处的气负荷、燃气轮机耗气量和

P2G 气源注入天然气流量；$i \in j$ 表示天然气管网中所有与节点 i 相连的节点；$f_{ij,t}^{\text{in}}$ 和 $f_{ij,t}^{\text{out}}$ 分别为注入和流出天然气流量；若节点 i 为压缩机节点，$f_{C,i,t}$ 和 $\tau_{C,i,t}$ 分别为 t 时刻流经该压缩机的气流量和所消耗的天然气流量。

2. 电网潮流模型

电网潮流模型运行约束如下：

$$P_{\text{G},i} - P_{\text{L},i} + \Delta P_{\text{L},i} - V_i \sum_{j=1}^{N_e} V_j (G_{ij} \cos\theta_{ij} + B_{ij} \sin\theta_{ij}) + P_{\text{GT},i} - P_{\text{P2G},i} = 0 \qquad i,j \in N_e \qquad (3\text{-}18)$$

$$Q_{\text{G},i} - Q_{\text{L},i} + \Delta Q_{\text{L},i} - V_i \sum_{j=1}^{N_e} V_j (G_{ij} \sin\theta_{ij} - B_{ij} \cos\theta_{ij}) + Q_{\text{GT},i} - Q_{\text{P2G},i} = 0 \qquad i,j \in N_e \qquad (3\text{-}19)$$

$$P_{\text{G},i}^{\min} \leqslant P_{\text{G},i} \leqslant P_{\text{G},i}^{\max} \qquad i \in N_e \qquad (3\text{-}20)$$

$$Q_{\text{G},i}^{\min} \leqslant Q_{\text{G},i} \leqslant Q_{\text{G},i}^{\max} \qquad i \in N_e \qquad (3\text{-}21)$$

$$V_i^{\min} \leqslant V_i \leqslant V_i^{\max} \qquad i \in N_e \qquad (3\text{-}22)$$

$$P_{ij,1}^{\min} \leqslant P_{ij,1} \leqslant P_{ij,1}^{\max} \qquad i,j \in N_e \qquad (3\text{-}23)$$

上式中，G_{ij} 和 B_{ij} 分别为支路 ij 的电导和电纳；θ_{ij} 为节点 i 和节点 j 的电压相位差；V_i 和 V_j 分别为节点 i 和节点 j 的电压幅值；$P_{\text{G},i}$ 和 $Q_{\text{G},i}$ 分别为节点 i 处发电机的有功出力和无功出力；$Q_{\text{GT},i}$ 和 $Q_{\text{P2G},i}$ 分别为燃气轮机的无功出力和 P2G 设备的无功负荷；$P_{\text{L},i}$ 和 $Q_{\text{L},i}$ 分别为节点 i 处的有功负荷和无功负荷；$\Delta P_{\text{L},i}$ 和 $\Delta Q_{\text{L},i}$ 分别为节点 i 处的有功负荷削减量和无功负荷削减量；$P_{ij,1}$ 为线路传输功率；$P_{\text{G},i}^{\max}$、$P_{\text{G},i}^{\min}$ 分别为节点 i 处发电机的有功出力上、下限；$Q_{\text{G},i}^{\max}$、$Q_{\text{G},i}^{\min}$ 分别为节点 i 处发电机的无功出力上、下限；$V_i^{\max}$、$V_i^{\min}$ 分别为节点 i 处电压的上、下限；$P_{ij,1}^{\max}$、$P_{ij,1}^{\min}$ 分别为支路 ij 传输功率的上、下限；N_e 为电网节点数。

当电网发生随机故障时，网络有可能会形成新的孤岛，此时需要调整每个孤岛的发电机出力以及负荷水平以保持功率的平衡。若发电机出力调整至上限时系统仍未满足负荷需求，需切除部分电网负荷，对负荷的切除应控制在一定的范围内。

$$0 \leqslant \Delta P_{\text{L},i}^k \leqslant \Delta P_{\text{L},i}^{\max} \qquad i \in N_e \qquad (3\text{-}24)$$

$$0 \leqslant \Delta Q_{\text{L},i}^k \leqslant \Delta Q_{\text{L},i}^{\max} \qquad i \in N_e \qquad (3\text{-}25)$$

式中，$\Delta P_{\text{L},i}^k$ 和 $\Delta Q_{\text{L},i}^k$ 分别为发生第 k 次故障后节点 i 处有功负荷削减量和无功负荷削减量；$\Delta P_{\text{L},i}^{\max}$ 和 $\Delta Q_{\text{L},i}^{\max}$ 分别为节点 i 处有功负荷削减量最大值和无功负荷削减量最大值。

3.3　算　例　分　析

基于上文提出的电-气耦合网络故障评估模型，采用改进的 IEEE-39 节点电网与 20 节点天然气管网构成的 IEGN 为例进行评估分析，如图 3-3 所示。将燃气轮机设置在 IEEE-39 节点电网的节点 30、31、39 处，分别由 20 节点天然气管网的节点 7、9、16 处供应天然气进行发电，其余发电机组为燃煤机组。将 P2G 气源输入端接在 IEEE-39 节点电网的节点 7、27、38 处，输出端接在 20 节点天然气管网的节点 2、14、17 处。在电网和天然气管网的故障集内进行蒙特卡罗故障模拟，将最大仿真次数设置为 $k_{max} = 200$，考虑天然气管网准稳态过程时间间隔 $\Delta t = 1$ min[1]。电网参数由 Matpower 软件提供，天然气管网的网络拓扑参数详见附录 A。

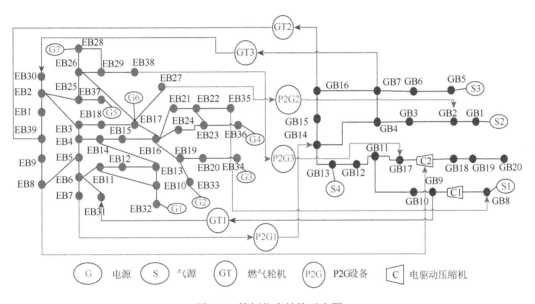

图 3-3　算例仿真结构示意图

3.3.1　天然气管网故障对电网的影响

考虑到电网的不同负荷水平会影响受扰动后系统形成的孤岛结构以及系统稳态运行的功率平衡条件，系统故障后按需切除的负荷量也会被影响。为评估电网受故障扰动的不同影响，分析电网不同负荷水平下天然气管网故障对电网连锁故障的影响，设置如下 4 种场景进行分析。

场景 1：不考虑天然气管网故障的影响，负荷水平为初始负荷水平；

场景 2：考虑天然气管网故障的影响，设置初始负荷水平为中间负荷；

场景 3：考虑天然气管网故障的影响，取中间负荷的 1.2 倍为高峰负荷；

场景 4：考虑天然气管网故障的影响，取中间负荷的 0.8 倍为低谷负荷。

设置传输功率占比为 30%，设定燃气轮机出力在电网中功率占比和 P2G 设备在天然气管网中功率占比一致，定义 α 为负荷损失率大于等于对应横坐标 C_k 值，定义 β 为全局网络效能损失率大于等于对应横坐标 W_k 值。图 3-4 给出了不同场景下电网故障的负荷损失率和全局网络效能损失率的累计概率分布曲线对比图。由图 3-4 可知，分布曲线呈现下降趋势，较小损失事故占比大，而较大损失事故占比小。不考虑天然气管网故障影响时（场景 1）仅有 1% 的故障下电网损失超过 20% 负荷和 40% 网络效能，而考虑天然气管网故障影响的场景 2 下，有 9% 故障损失超过 20% 负荷与 14% 故障损失超过 40% 网络效能，表明在天然气管网随机故障的影响下，电网发生故障后负荷损失率大幅增加，全局网络效能损失率也显著增加，系统的供电效率及可靠性受到严重影响。

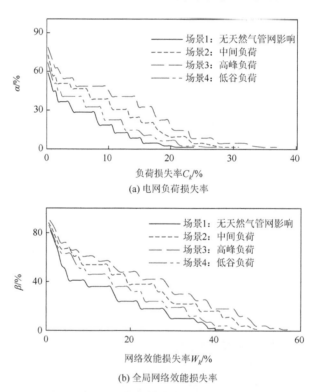

(a) 电网负荷损失率

(b) 全局网络效能损失率

图 3-4　电网受天然气管网故障影响的仿真对比

此外，随着电网负荷水平增加，负荷损失率和全局网络效能损失率随之增加，电网运行受天然气管网故障的影响也随之增加，系统运行状态被破坏的程度越严重，表明负荷水平与受故障影响的系统运行状态破坏程度相关。天然气管网随机故障下气源出力减少，导致气负荷被切除与全网气压水平下降，造成燃气轮机出力下降。故障严重时可能导致燃气轮机被切除，将故障影响传播至电网，加剧电网发生连锁故障的风险。场景 3 下，甚至有 4%故障的负荷损失率超过 30%以及全局网络效能损失率超过 50%，系统运行状态被严重破坏。主要原因是在电网负荷水平较高的场景下，系统备用容量相对较小，当天然气管网发生故障时，增加了电网的运行风险以及发生连锁故障的风险。发生连锁故障时，对负荷的供应严重减少，供电效率及可靠性受到严重影响，电力供应紧缺将加剧天然气管网的故障，故障传播如此往复，整个系统的运行状态被严重破坏，因连锁故障带来的影响后果更为严重。

3.3.2　电网故障对天然气管网的影响

设置传输功率占比为 30%，图 3-5 给出了考虑和不考虑电网随机故障情况下天然气管网故障的负荷损失率和全局网络效能损失率的累计概率分布曲线对比图。从图 3-5 可知，不考虑电网故障影响时，仅有 7%的故障下天然气管网损失超过 10%负荷和 9%的故障下天然气管网损失超过 20%网络效能，而考虑电网故障影响的场景下，19%的故障下天然气管网损失超过 10%负荷和 24%的故障下天然气管网损失超过 20%网络效能。

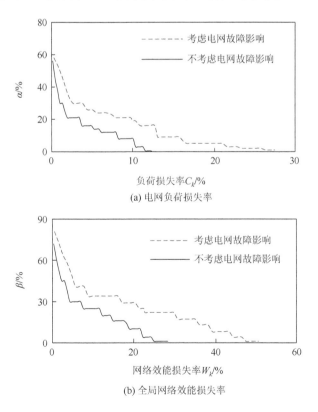

(a) 电网负荷损失率

(b) 全局网络效能损失率

图 3-5　天然气管网受电网故障影响的仿真对比

　　仿真结果表明在电网随机故障的影响下，天然气管网发生故障后的负荷损失率大幅增加，全局网络效能损失率也显著增加，供气效率及可靠性受电网故障影响。主要原因是电网发生故障可能会引起燃气轮机的出力突增，容易致使天然气管网的节点气压越限，破坏天然气管网运行状态，容易引起连锁故障。此外，电网发生故障会影响P2G设备的正常运行，此时耦合能量传输将受到一定的阻碍，电网故障传播至天然气管网，影响天然气管网供气。由此可见，电网发生故障会影响天然气管网的供气效率以及可靠性，破坏天然气管网的运行状态。

　　此外，若电网故障造成电驱动压缩机供电不足，压缩机将被迫停机，故障影响传播至天然气管网，造成天然气管网局部气压水平下降，加剧天然气管网发生连锁故障的风险。运用算例仿真对电网故障造成电驱动压缩机停机这一情形进行分析，图3-6给出了压缩机 C1 在 t_3 时刻停机的状况下天然气管网准稳态过程中各时刻的节点气压。由图3-6可知，压缩机停机将引起天然气管网气压的波动。而由于管存特性的存在，天然气管网在准稳态过程的状态变化下逐渐过渡至下一个稳态，从 t_4 时刻到 t_8 时刻各节点气压逐渐向新的稳态发展，过渡到扰动后新的稳态。该仿真也验证了天然气管网管存特性具有缓冲气压波动的作用，能够减缓扰动对于系统状态的瞬时影响，降低系统发生连锁故障的风险，减小故障传播对系统运行状态的破坏程度。

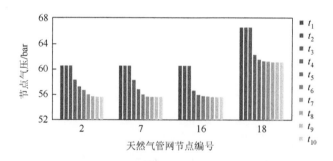

图 3-6　天然气管网准稳态过程的节点气压（后附彩图）

3.3.3　传输功率占比对故障传播的影响

　　本节进一步对比分析传输功率占比分别为 15%、30%、45%的不同场景下电-气耦合网络的故障传播特性。首先对不同场景下的电-气耦合网络进行初始潮流计算，与电网与天然气管网无耦合时相比，两网耦合后传输功率占比分别为 15%、30%、45%时全局网络效能值分别提高了 20.018%、37.094%、55.571%，可见电网与天然气管网通过能量双向耦合提高了电-气耦合网络的全局网络传输效能，提高了系统的供能传输效率。

　　图 3-7 给出了不同传输功率占比的场景下，考虑电网随机故障影响的天然气管网故障

负荷损失率和全局网络效能损失率的累计概率分布曲线对比图。由图 3-7 可知，传输功率占比为 15%、30%、45%下分别有 11%、19%、26%的故障损失超过 10%负荷和 17%、24%、32%的故障下损失超过 20%网络效能。仿真结果表明，尽管传输功率占比增加，电-气耦合网络的全局网络传输效能，但两网之间的故障影响也随之增大。当传输功率占比为 45%时，考虑电网随机故障影响下的天然气管网故障最严重时造成最多约 31.26%负荷的损失以及 56.14%全局网络效能的损失，对系统的运行状态破坏程度较高，增加了单一网络故障对系统整体安全运行的影响，更易引发电-气耦合网络连锁故障。

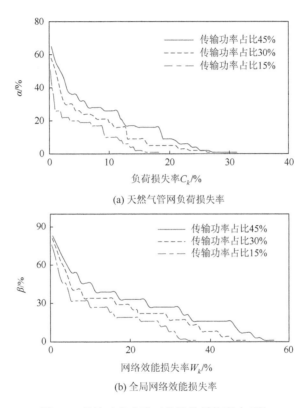

(a) 天然气管网负荷损失率

(b) 全局网络效能损失率

图 3-7　传输功率占比对故障传播的影响对比

3.3.4　设置储气装置的效果分析

以上分析可知，电网安全运行受天然气管网故障的影响，发生连锁故障时系统的运行状态被严重破坏。为采取安全措施改善系统的运行状态，考虑设置储气装置这一措施分析其对故障传播的影响。设置传输功率占比为 30%，选取 3.3.1 节中场景 2 进行分析，该场景下考虑节点 8 为平衡节点，认为具有稳压能力，不作灵敏度分析，则全网负荷扰动 2%时各节点综合灵敏度指标的绝对值如图 3-8 所示。

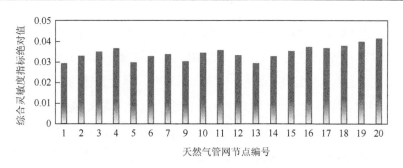

图 3-8　各节点综合灵敏度指标

由图 3-8 可知，节点 20 为该场景下利用综合灵敏度指标定位的系统薄弱环节。在薄弱环节处设置储气装置，储气罐大小设置为薄弱节点气负荷的 30%。图 3-9 即为储气装置设置与否的两种情况下，考虑天然气管网随机故障影响的电网负荷损失率和全局网络效能损失率的累计概率分布曲线对比图。由图 3-9 可知，设置储气装置后故障造成的负荷损失率和全局网络效能损失率均显著降低，表明安装储气装置能改善燃气状态从而一定程度上阻断天然气管网故障扰动在两网间的传播，减小故障传播对系统运行状态的破坏程度，降低连锁故障带来的影响，有效提高 IEGN 运行安全性。此外，储气装置的设置改善了天然气管网节点气压水平，降低天然气管网故障对燃气轮机运行状态的影响，一定程度上确保了燃气轮机机组的正常供电。综上可得，在 IEGN 中采取安全措施能够有效降低故障在两网间传播的破坏影响，提升电-气耦合网络的运行安全性。

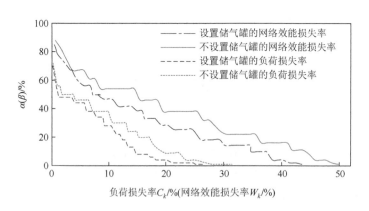

图 3-9　储气装置设置与否的仿真对比

3.4　本章小结

在电网和天然气管网耦合程度不断加深的背景下，电网与天然气管网间的相依特性引发了新的系统安全运行问题。为此，本章提出了一种考虑电网与天然气管网相依特性的电-气耦合网络故障传播的影响分析方法。本章所提方法量化评估了故障传播对系统运行的影响，主要结论如下：

（1）电-气耦合网络具有相依特性，单一网络的故障均会影响 IEGN 的整体安全运行，故障在两网间传播容易引发连锁故障。两网传输功率占比的增加能够提高能量传输效率和传输效能，但随着两网耦合程度的增加，单一网络故障对系统整体安全运行的破坏影响更为严重，加剧了引发连锁故障的风险；

（2）随着电网负荷水平增加，天然气管网故障对电网连锁故障的影响也随之增加，影响电网供电效率及可靠性，增加了电网运行风险；

（3）计及天然气管网准稳态过程分析故障对天然气管网运行状态造成的影响更为实际合理，管存特性能够缓冲扰动对系统状态的瞬时影响，减缓故障传播对系统运行状态的破坏；

（4）储气装置的设置有效减缓天然气管网故障对电网的影响，在 IEGN 中采取安全措施能够有效降低故障在两网间传播的影响，提升电-气耦合网络安全运行裕度。

参 考 文 献

[1]　苏洁莹，邓丰强，张勇军. 考虑相依特性的电-气互联网络故障评估方法[J].电力自动化设备，2021，41（11）：32-39.

[2]　Bulayrev S V，Parshani R，Paul G，et al. Catastrophic cascade of failures in interdependent networks[J]. Nature，2010，464：1025-1028.

[3]　Correa-Posada C M，Sánchez-Martín P. Integrated power and natural gas model for energy adequacy in short-term operation[J]. IEEE Transactions on Power Systems，2015，30（6）：3347-3355.

[4]　孙宏斌，张伯明，相年德. 准稳态灵敏度的分析方法[J]. 中国电机工程学报，1999（4）：9-13.

[5]　钟俊杰，李勇，曾子龙，等. 综合能源系统多能流准稳态分析与计算[J]. 电力自动化设备，2019，39（8）：22-30.

第4章 基于阻尼逐次线性化法的电-气耦合网络经济优化调度

第 2 章和第 3 章分别从潮流模型和相依特性角度，描述了电网和天然气管网耦合能量流的相互影响。因此，电-气耦合网络运行时需充分考虑两个网络之间的耦合约束。本章在传统电网日前机组组合问题的基础上，建立电-气耦合网络日前经济优化调度模型。以燃气轮机单向耦合的电-气耦合网络为例，充分考虑两个网络约束及功率平衡特性，安排机组/气源出力，实现能量流相互传输的安全可靠。鉴于电网和天然气管网调度均为大规模的非线性优化问题，联合多时间尺度调度增加了模型的复杂程度，存在计算时间长、求解困难等问题。本章提出阻尼逐次线性化法进行模型线性化高效求解。

4.1 电-气耦合网络调度架构及功率平衡特性

4.1.1 经济调度基本框架

传统电网经济调度问题主要描述为机组组合问题。其主要在满足电力功率平衡和发电机组运行约束的情况下，合理安排发电机组启停和运行功率实现机组发电成本及启停成本的经济最优。类似于电网机组组合问题，天然气管网主要通过控制气源的产气量、部分节点气压等变量实现燃料成本最低[1]。

电-气耦合网络（IEGN）联合调度架构如图 4-1 所示。假定 IEGN 由统一的调度机构进行能源负荷调度，调度机构收集次日电力、天然气等负荷情况，并由其在满足约束的情况下对发电机、天然气气源等设备进行联合调度。主要决策量包括发电机组的启停状态、出力情况，以及天然气气源的注入流量等。状态量需满足安全约束，包括电网支路传输功率、天然气管网支路传输流量、天然气管网节点气压状态等。

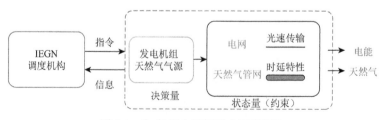

图 4-1 电-气耦合网络联合调度架构

4.1.2　电-气能量流调度的功率平衡特性

结合图 4-1，在 IEGN 调度中，电力流的传输速度接近光速。因此与传统的电网调度方法相同，电力流的调度需满足实时平衡。

然而，不同于电力的传输特性，天然气在管道中传输较慢。为表示这一特性，在天然气管道传输模型中，常用"管存模型"来等效天然气管道传输的时延特性[2]。管存模型可类似于系统的储能，结合第 2 章对管存模型的阐述，对天然气管网的功率平衡特性进一步解释如下。

在天然气管网中，定义气体从节点 $o_I(m)$ 流入管道 m 并从节点 $o_T(m)$ 流出。则对任一管道 m，考虑天然气系统的管存特性，其天然气管网的管存模型如图 4-2 所示。

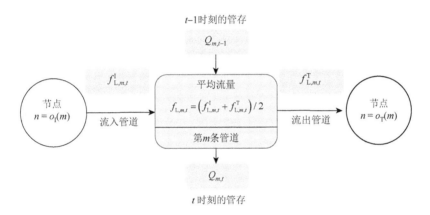

图 4-2　天然气管网的管存模型

图中，f_L^I 和 f_L^T 分别为流入和流出管道的天然气流量，Q 为管道内部的天然气存量。基于图 4-2，在时段 t，储存于管道 m 的气体体积 $Q_{m,t}$ 可表示为

$$Q_{m,t} = \rho_{A,m} \frac{\left(\pi_{n:n=o_I(m),t} + \pi_{n:n=o_T(m),t} \right)}{2} \tag{4-1}$$

$$Q_{m,t} = Q_{m,t-1} + f_{L,m,t}^I - f_{L,m,t}^T \tag{4-2}$$

而 f_L^I、f_L^T 与管道两端压力还需满足：

$$\text{sign}\left(f_{L,m,t} \right)\left(f_{L,m,t} \right)^2 - \rho_{B,m}\left(\pi_{n:n=o_I(m),t}^2 - \pi_{n:n=o_T(m),t}^2 \right) = 0 \tag{4-3}$$

$$f_{L,m,t} = \frac{f_{L,m,t}^I + f_{L,m,t}^T}{2} \tag{4-4}$$

由图 4-2 可更直观地将天然气传输的时延特性与管存特性等同起来。其中，下标 n 为天然气管网节点计数变量；π 为节点压力；f_L 为管道平均流量；ρ_A、ρ_B 为常数系数，与天然气管道长度、管径、温度等因素相关（ρ_A、ρ_B 模型见 2.1 节的描述），并且由式（4-1）可知，管存容量大小与管道两端气压平均值呈正相关特性。

为进一步分析天然气管道的管存特性，暂不考虑天然气管网含压缩机，描述天然气管网任一节点 n 的流量平衡方程为

$$\sum_{c \in n} f_{G,c,t} - \sum_{m:o_I(m)=n} f_{L,m,t}^I + \sum_{m:o_T(m)=n} f_{L,m,t}^T = f_{D,n,t} \tag{4-5}$$

式中，c 为天然气气源的计数变量；f_G 为气源的流量；f_D 为天然气负荷。将所有节点的流量平衡方程相加，并且将式（4-2）代入式（4-5），可得整个天然气管网的流量平衡方程为

$$\sum_c f_{G,c,t} + \sum_m Q_{m,t-1} = \sum_n f_{D,n,t} + \sum_m Q_{m,t} \tag{4-6}$$

显然，若忽略天然气管道的管存特性，式（4-6）的流量平衡方程应描述为

$$\sum_c f_{G,c,t} = \sum_n f_{D,n,t} \tag{4-7}$$

结合式（4-1）、式（4-6）和式（4-7）进行分析，若时段 t 之后天然气负荷增加，在忽略管存特性的条件下，由式（4-7）可知天然气气源需要有同样的增量以满足系统的流量平衡。然而由于管存特性的存在，由式（4-6）可知天然气气源所需的增量还受到该时刻管存容量的影响。具体地，由于天然气负荷的增加一般会拉低天然气管网的气压，而进一步使得管存容量降低[由式（4-1）推得]，如此一来式（4-6）方程右端的总增量便会降低，进而使得气源的流量增量相比忽略管存容量时减少。同理，天然气负荷减少时，会抬升天然气管网的气压而使得管存容量增大，进而使得气源的流量减少量相比忽略管存特性时减少。

以上分析可知，天然气管存特性具有动态变化的特性，并且管存容量的变化机制类似于负反馈调节，其对天然气负荷的变化具有"缓冲"的作用，使得气源的调节变化幅度得以平缓。不同于电力需满足实时功率平衡，这种"缓冲"的特性实质也体现了天然气传输所具有的时延特性。

4.2 电-气耦合网络日前经济优化调度模型

4.2.1 目标函数

日前经济优化调度模型中，以 IEGN 能量成本 C_{IN} 最小的目标函数可以表示为

$$\min \quad C_{\mathrm{IN}} \tag{4-8}$$

对于含燃气轮机单向耦合的 IEGN，能量成本 C_{IN} 主要包括了非燃气轮机机组的燃料成本、发电机组的启停成本、常规气源的燃料成本，如式（4-9）所示。需要指出的是，燃气轮机机组的燃料成本已归结为燃气轮机的燃气耗量并在购气成本中体现。

$$C_{\mathrm{IN}}=\sum_{t=1}^{T}\left[\sum_{u\notin \mathrm{GT}}C_{\mathrm{G},u}\left(P_{\mathrm{G},u,t}\right)+\sum_{u}\left(C_{\mathrm{Gon},u,t}+C_{\mathrm{Goff},u,t}\right)+\sum_{c}C_{\mathrm{GAS},c}f_{\mathrm{G},c,t}\right] \tag{4-9}$$

式中，T 为调度周期，$T=24$；变量 t、c 和 f_{G} 定义同 4.1.2 节，分别指调度时段、天然气气源计数变量和天然气气源流量；u 为发电机组的计数变量；GT 为燃气轮机机组集合；P_{G} 为发电机组的出力；C_{GAS} 为天然气气源的成本价格系数；$C_{\mathrm{G}}(*)$、C_{Gon} 和 C_{Goff} 分别为发电机组的燃料成本函数、开机成本和关机成本，表达为

$$\begin{cases} C_{\mathrm{G},u}\left(P_{\mathrm{G},u,t}\right)=b_{\mathrm{G},u,t}\left(C_{\mathrm{GD},u}+C_{\mathrm{GB},u}P_{\mathrm{G},u,t}+C_{\mathrm{GA},u}P_{\mathrm{G},u,t}^{2}\right) \\ C_{\mathrm{Gon},u,t}=b_{\mathrm{G},u,t}\left(1-b_{\mathrm{G},u,t-1}\right)S_{\mathrm{Gon},u} \\ C_{\mathrm{Goff},u,t}=b_{\mathrm{G},u,t-1}\left(1-b_{\mathrm{G},u,t}\right)S_{\mathrm{Goff},u} \end{cases} \tag{4-10}$$

式中，b_{G} 为发电机组运行状态变量，为逻辑变量，取 1 或 0，分别指发电机组处于运行状态或停机状态；C_{GA}、C_{GB}、C_{GD} 为发电机组燃料成本系数；S_{Gon}、S_{Goff} 分别为发电机组的开机、停机的成本系数。

基于文献[1]，假设发电机组的成本函数为凸函数，则式（4-10）可线性化表示为

$$\begin{cases} C_{\mathrm{G},u}\left(P_{\mathrm{G},u,t}\right)=b_{\mathrm{G},u,t}C_{\mathrm{G},u}\left(P_{\mathrm{Gmin},u}\right)+\sum_{d=1}^{D_{u}}C_{\mathrm{KG},u}P_{\mathrm{G},u,t,d} \\ C_{\mathrm{Gon},u,t}=b_{\mathrm{Gon},u,t}S_{\mathrm{Gon},u} \\ C_{\mathrm{Goff},u,t}=b_{\mathrm{Goff},u,t}S_{\mathrm{Goff},u} \end{cases} \tag{4-11}$$

式中，D 为机组成本函数分段线性化的分段总数；d 为分段序号；C_{KG} 为成本函数在分段区间上的斜率；P_{Gmin} 为发电机组最小出力；逻辑变量 b_{Gon}、b_{Goff} 分别代表机组的启动、停止的控制变量，b_{Gon}、b_{Goff} 取 1 时分别表示机组执行启动、停机操作，其他情况下取 0。机组分段出力还需满足：

$$\begin{cases} P_{\mathrm{G},u,t}=b_{\mathrm{G},u,t}P_{\mathrm{Gmin},u}+\sum_{d=1}^{D_{u}}P_{\mathrm{G},u,t,d} \\ 0\leqslant P_{\mathrm{G},u,t,d}\leqslant P_{\mathrm{G},u,d}-P_{\mathrm{G},u,d-1} \\ P_{\mathrm{G},u,0}=P_{\mathrm{Gmin},u} \\ P_{\mathrm{G},u,D_{u}}=P_{\mathrm{Gmax},u} \end{cases} \tag{4-12}$$

式中，P_{Gmax} 为发电机组最大出力。

4.2.2　约束条件

1. 能量流平衡约束

IEGN 中能量流包括电力流和天然气流。在 IEGN 调度模型中，对电网的建模采用直流潮流模型，电网节点满足实时功率平衡，约束方程如式（4-13）所示。

$$\sum_{u \in i} P_{\mathrm{G},u,t} + \sum_{j \in e(i)} P_{\mathrm{F},j,t} = P_{\mathrm{D},i,t} \tag{4-13}$$

式中，下标 i、j 分别为电网节点、支路的计数变量；$e(i)$ 为与节点 i 相连支路集合；P_{D} 和 P_{F} 分别为电负荷和支路功率。

对于天然气管网的流量平衡方程，考虑管存特性，并在式（4-5）的基础上进一步考虑燃气轮机及压缩机，约束方程描述如式（4-14）所示。

$$\sum_{c \in n} f_{\mathrm{G},c,t} - \sum_{m:o_{\mathrm{I}}(m)=n} f_{\mathrm{L},m,t}^{\mathrm{I}} + \sum_{m:o_{\mathrm{T}}(m)=n} f_{\mathrm{L},m,t}^{\mathrm{T}} - \sum_{s:o_{\mathrm{SI}}(s)=n} f_{\mathrm{L},s,t}^{\mathrm{SI}} + \sum_{s:o_{\mathrm{ST}}(s)=n} f_{\mathrm{L},s,t}^{\mathrm{ST}} = \sum_{u \in n \cap u \in \mathrm{GT}} f_{\mathrm{GT},u,t} + f_{\mathrm{D},n,t} \tag{4-14}$$

在式（4-5）变量定义基础上补充定义，下标 s 为压缩机计数变量；$f_{\mathrm{L}}^{\mathrm{SI}}$、$f_{\mathrm{L}}^{\mathrm{ST}}$ 指流入、流出压缩机的天然气流量。本模型考虑耗气压缩机，并忽略耗气损耗，故 $f_{\mathrm{L}}^{\mathrm{SI}}$ 与 $f_{\mathrm{L}}^{\mathrm{ST}}$ 可认为相等；而 $o_{\mathrm{SI}}(s)$、$o_{\mathrm{ST}}(s)$ 分别指压缩机 s 的进、出口节点；f_{GT} 为燃气轮机的燃料耗量。

2. IEGN 设备的运行约束

IEGN 设备包括了发电机组、天然气气源和压缩机。对于发电机组的运行，需满足功率限制约束、爬坡约束以及启停时间约束，如式（4-15）～式（4-17）所示。同时，发电机组运行还需留有一定备用容量，如式（4-18）所示，用以应对系统不确定因素带来的功率波动。

$$b_{\mathrm{G},u,t} P_{\mathrm{Gmin},u} \leqslant P_{\mathrm{G},u,t} \leqslant b_{\mathrm{G},u,t} P_{\mathrm{Gmax},u} \tag{4-15}$$

$$\begin{cases} P_{\mathrm{G},u,t} - P_{\mathrm{G},u,t-1} \leqslant b_{\mathrm{G},u,t-1} P_{\mathrm{Gup},u} + b_{\mathrm{Gon},u,t} P_{\mathrm{Gon},u} \\ P_{\mathrm{G},u,t-1} - P_{\mathrm{G},u,t} \leqslant b_{\mathrm{G},u,t} P_{\mathrm{Gdn},u} + b_{\mathrm{Goff},u,t} P_{\mathrm{Goff},u} \end{cases} \tag{4-16}$$

$$\begin{cases} \displaystyle\sum_{\ell=t-T_{\mathrm{on},u}+1}^{t} b_{\mathrm{Gon},u,\ell} \leqslant b_{\mathrm{G},u,t} & \forall u, t \in \left[T_{\mathrm{on},u}, T \right] \\ \displaystyle\sum_{\ell=t-T_{\mathrm{off},u}+1}^{t} b_{\mathrm{Goff},u,\ell} \leqslant 1 - b_{\mathrm{G},u,t} & \forall u, t \in \left[T_{\mathrm{off},u}, T \right] \\ b_{\mathrm{G},u,t} - b_{\mathrm{G},u,t-1} = b_{\mathrm{Gon},u,t} - b_{\mathrm{Goff},u,t} \end{cases} \tag{4-17}$$

$$\begin{cases} \sum_u p_{\text{Gup},u,t} \geqslant P_{\text{BAKup},t} \\ \sum_u p_{\text{Gdw},u,t} \geqslant P_{\text{BAKdw},t} \\ 0 \leqslant p_{\text{Gup},u,t} \leqslant \min\left\{ b_{\text{G},u,t}P_{\text{Gmax},u} - P_{\text{G},u,t},\ b_{\text{G},u,t}P_{\text{Gup},u} \right\} \\ 0 \leqslant p_{\text{Gdw},u,t} \leqslant \min\left\{ P_{\text{G},u,t} - b_{\text{G},u,t}P_{\text{Gmin},u},\ b_{\text{G},u,t}P_{\text{Gdn},u} \right\} \end{cases} \tag{4-18}$$

式（4-15）～式（4-18）中，$P_{\text{Gmin}}/P_{\text{Gmax}}$、$P_{\text{Gup}}/P_{\text{Gdn}}$、$P_{\text{Gon}}/P_{\text{Goff}}$ 分别为发电机组最小/最大出力、上行/下行调节速率、启动/停机功率限制；ℓ 为时段计数变量；T_{on}、T_{off} 分别为最小开机、停机时间；p_{Gup}、p_{Gdw} 分别为发电机组的正、负旋转备用出力变量；P_{BAKup}、P_{BAKdw} 分别为系统所需的正、负旋转备用。对于天然气管网中的天然气气源和压缩机，其运行需要满足流量限制、最大压缩比的约束[3]，表示为

$$\begin{cases} f_{\text{Gmin},c} \leqslant f_{\text{G},c,t} \leqslant f_{\text{Gmax},c} \\ 1 \leqslant \dfrac{\pi_{n:n=o_{\text{ST}}(s),t}}{\pi_{n:n=o_{\text{SI}}(s),t}} \leqslant \varLambda_s \end{cases} \tag{4-19}$$

式中，f_{Gmin}、f_{Gmax} 分别表示天然气气源的最小、最大出力流量；$\varLambda$ 指的是耗气压缩机的最大压缩比。此外，类似于电网调度中发电机组留有一定的备用容量，天然气气源调度中也需留有一定备用应对天然气管网的不确定性，天然气气源备用表达式为

$$\sum_c \left(f_{\text{Gmax},c} - f_{\text{G},c,t} \right) \geqslant f_{\text{BAKup},t},\ \sum_c \left(f_{\text{G},c,t} - f_{\text{Gmin},c} \right) \geqslant f_{\text{BAKdw},t} \tag{4-20}$$

再者，作为电网和天然气管网的耦合设备，燃气轮机耗气量和发电出力需满足：

$$f_{\text{GT},u,t} = \frac{P_{\text{G},u,t}}{\eta_{\text{GT},u}\text{LHV}} \quad u \in \text{GT} \tag{4-21}$$

式中，η_{GT} 指燃气轮机的转换效率；LHV 为天然气热值。

3. IEGN 网络状态量约束

网络状态量约束包括了电网和天然气管网的支路传输功率约束、天然气管网的节点气压约束。其中，电网支路传输功率需满足：

$$-P_{\text{Fmax},j} \leqslant P_{\text{F}j,t} \leqslant P_{\text{Fmax},j} \tag{4-22}$$

式中，P_{Fmax} 为支路最大传输功率。对于表征天然气管道传输流量和天然气管网节点压力的状态量，除了需满足式（4-1）～式（4-4）的等量关系约束外（该等量关系描述了天然气传输的时延/管存特性），还需满足限值约束，表示为

$$\begin{cases} \pi_{\min,n} \leqslant \pi_{n,t} \leqslant \pi_{\max,n} \\ -f_{\text{Lmax},m} \leqslant f_{\text{L},m,t} \leqslant f_{\text{Lmax},m} \end{cases} \tag{4-23}$$

式中，$\pi_{\max}$、$\pi_{\min}$ 为节点气压的上、下限；f_{Lmax} 为管道传输流量最大值。

此外，对于天然气管网的管存特性，其相当于利用天然气管道的时延特性提供储能容量，为合理利用管存特性，调度周期的始末应保持相近，为下个调度周期留足调节裕度，则有约束

$$(1-\varepsilon_{\mathrm{CN}})\sum_m Q_{\mathrm{ini},m} \leqslant \sum_m Q_{m,T} \leqslant (1+\varepsilon_{\mathrm{CN}})\sum_m Q_{\mathrm{ini},m} \tag{4-24}$$

式中，$\varepsilon_{\mathrm{CN}}$ 为管存容量控制裕度，取较小值，如 5%；Q_{ini} 为初始管存容量。

4.2.3　调度模型的紧凑形式

结合 4.2.1 节和 4.2.2 节所述，其建立的调度模型为混合整数非线性规划模型。定义向量 $\boldsymbol{X}$ 为调度模型涉及变量，包括连续变量 $\boldsymbol{X}_{\mathrm{CT}}$ 和逻辑变量 $\boldsymbol{X}_{\mathrm{BI}}$。结合调度模型的特点，进一步将调度模型表示为以下紧凑形式：

$$\begin{cases} \min\ \boldsymbol{CX} \\ \mathrm{s.t.}\ \ \boldsymbol{A}_1\boldsymbol{X} - \boldsymbol{b}_1 \leqslant 0 \\ \qquad \boldsymbol{A}_2\boldsymbol{X} - \boldsymbol{b}_2 = 0 \\ \qquad \boldsymbol{H}_{\mathrm{nolinear}}(\boldsymbol{X}_{\mathrm{CT}}) = 0 \\ \qquad \boldsymbol{X} = [\boldsymbol{X}_{\mathrm{CT}}, \boldsymbol{X}_{\mathrm{BI}}]^{\mathrm{T}} \in \Gamma \end{cases} \tag{4-25}$$

由于调度模型的目标函数[由式（4-8）、式（4-9）、式（4-11）构成]为线性表达式。故在紧凑形式（4-25）中，用线性表达式 $\boldsymbol{CX}$ 做抽象表达，$\boldsymbol{C}$ 为常系数向量。调度模型约束条件包含式（4-1）～式（4-4）以及式（4-12）～式（4-24），除式（4-3）为非线性约束外，其余均为线性约束。对于线性约束，包含了线性等式及不等式约束，故用 $\boldsymbol{A}_1\boldsymbol{X} - \boldsymbol{b}_1 \leqslant 0$ 和 $\boldsymbol{A}_2\boldsymbol{X} - \boldsymbol{b}_2 = 0$ 做抽象表达，其中，$\boldsymbol{A}_1$、$\boldsymbol{A}_2$ 为约束系数矩阵，$\boldsymbol{b}_1$、$\boldsymbol{b}_2$ 为常系数向量。Γ 为变量 $\boldsymbol{X}$ 所属的可行域。另外，对于式（4-3）的非线性约束，由于该约束仅含连续变量，且为等式约束，故用 $\boldsymbol{H}_{\mathrm{nolinear}}(\boldsymbol{X}_{\mathrm{CT}}) = 0$ 做抽象表达。

为降低混合整数非线性规划模型，即模型（4-25）的求解难度，这里提出阻尼逐次线性化法进行求解，其基本思路即是对非线性约束 $\boldsymbol{H}_{\mathrm{nolinear}}(\boldsymbol{X}_{\mathrm{CT}}) = 0$ 进行线性化，将模型（4-25）转化为一系列混合整数线性规划模型实现求解，具体在 4.3 节阐述。

4.3　基于阻尼逐次线性化法的调度模型求解

本节提出的阻尼逐次线性化法主要包含两方面的内容，一方面是结合近似规划法的基本思想，提出逐次线性化模型；另一方面是对逐次线性化模型迭代步长进行处理，基于一维最优搜索提出阻尼最优步长，以加快迭代的收敛。

4.3.1　逐次线性化模型

逐次线性化模型基于近似规划方法的基本思想,将非线性规划转换为一系列线性规划进行迭代求解。基本步骤是对一个非线性规划问题在某一个可行点附近通过泰勒展开,保留一次项并进行求解获得线性化增量,得到新的解点,并在新的解点附近再次进行线性化,以使得这些解点逐步逼近原非线性规划问题的解点[4]。

对于模型(4-25)中的非线性约束 $H_{\text{nolinear}}(X_{\text{CT}})=0$,在第 p 次迭代时运行点 $X_{\text{CT}}^{(p)}$ 处进行泰勒展开,保留一次线性项,则式(4-25)模型可线性化为

$$\begin{cases} \min \ \boldsymbol{CX} \\ \text{s.t.} \ \ \boldsymbol{A}_1\boldsymbol{X}-\boldsymbol{b}_1 \leqslant 0 \\ \qquad \boldsymbol{A}_2\boldsymbol{X}-\boldsymbol{b}_2 = 0 \\ \qquad \nabla_{\boldsymbol{X}_{\text{CT}}^{(p)}} \boldsymbol{H}_{\text{nolinear}}\left[\boldsymbol{X}_{\text{CT}}-\boldsymbol{X}_{\text{CT}}^{(p)}\right]=0 \\ \qquad \boldsymbol{X}=\left[\boldsymbol{X}_{\text{CT}},\boldsymbol{X}_{\text{BI}}\right]^{\text{T}} \end{cases} \qquad (4\text{-}26)$$

对于模型(4-26),一般还需进行步长限制[即 $\boldsymbol{X}_{\text{CT}}-\boldsymbol{X}_{\text{CT}}^{(p)}$]。在某个范围内,其目的是确保新的解 $\boldsymbol{X}_{\text{CT}}$ 在原问题(4-25)具有可行性。但是该做法对于非线性约束是等式约束来说,如果 $\boldsymbol{X}_{\text{CT}}$ 在迭代进行中可以一直保证可行,即非线性等式约束一直成立,则已经是得到了原问题的解,无须下一步迭代。这应该是迭代最终期望的结果,然而在迭代进行中新的解 $\boldsymbol{X}_{\text{CT}}$ 在原问题(4-25)的可行性难以满足。

据此,在式(4-26)的线性化模型中,省去验证可行性的步骤,而对模型(4-26)求解得到的新解 $\boldsymbol{X}_{\text{CT}}$ 是否作为下一轮迭代的运行点,将由 4.3.2 节具体阐述。而最终迭代收敛的判据为

$$\xi=\left\|\boldsymbol{H}_{\text{nolinear}}\left[\boldsymbol{X}_{\text{CT}}^{(p)}\right]\right\|_2 \leqslant \varepsilon_{\text{B}} \qquad (4\text{-}27)$$

式中,变量 ξ 为收敛残差;ε_{B} 为收敛精度;$\|*\|_2$ 为向量二范数。

4.3.2　步长阻尼因子:一维最优搜索

在直接利用式(4-26)迭代时研究发现,若直接将新解 $\boldsymbol{X}_{\text{CT}}$ 作为下一轮迭代的运行点,收敛残差 ξ 在迭代过程中容易产生震荡现象。为加快收敛,本节结合牛顿下山法求解非线性方程组迭代时进行步长修正的思想,提出步长阻尼因子,对每次迭代步长进行限定。具体地,对每次迭代求出的 $\boldsymbol{X}_{\text{CT}}$,通过计算 $\boldsymbol{X}_{\text{CT}}-\boldsymbol{X}_{\text{CT}}^{(p)}$ 可以获得当前非线性规划的基础步

长，将其定义为 $\Delta X_{\mathrm{CT}}^{(p)}$。该基础步长实质为牛顿迭代方向。进一步地，为了保证模型（4-26）的迭代收敛，需要尽可能保证在每次迭代的过程收敛残差 ξ 逐渐减少。

基于此，本节引入步长阻尼因子 λ_{STEP}，将每次迭代运行点修正为 $X_{\mathrm{CT}}^{(p)} + \lambda_{\mathrm{STEP}} \Delta X_{\mathrm{CT}}^{(p)}$，而 λ_{STEP} 可以通过以下线性规划模型确定：

$$\begin{cases} \min \ \left\| H_{\mathrm{nolinear}} \left[X_{\mathrm{CT}}^{(p)} + \lambda_{\mathrm{STEP}} \Delta X_{\mathrm{CT}}^{(p)} \right] \right\|_2 \\ \text{s.t.} \ \ \lambda_{\mathrm{STEP}} \in [0, 1] \end{cases} \tag{4-28}$$

模型（4-28）为简单的一维寻优问题，为防止步长过大，一般可在[0, 1]内设定一较小步长，如 0.01，采用遍历法寻找使得非线性约束的误差最小的缩减步长。

4.3.3　基于阻尼逐次线性化法的模型求解流程

结合 4.3.1 节和 4.3.2 节所述，所提出的阻尼逐次线性化法具体步骤如下。

步骤 1：设置迭代次数 $p = 0$，对于式（4-25），剔除非线性约束 $H_{\mathrm{nolinear}}(X_{\mathrm{CT}}) = 0$，采用商业求解器 GUROBI 求解该混合整数线性规划模型，并将求得的解 X_{CT} 作为初始运行点 $X_{\mathrm{CT}}^{(p)}$；

步骤 2：采用商业求解器 GUROBI 求解式（4-26）所建立的混合整数线性规划模型，获得该次迭代新的解 X_{CT}，并计算线性化增量 $\Delta X_{\mathrm{CT}}^{(p)}$。对于本调度模型中的非线性约束 $H_{\mathrm{nolinear}}(X_{\mathrm{CT}}) = 0$，具体指式（4-3），该式的一阶泰勒展开具体表达式为

$$\begin{aligned} & \mathrm{sign}\left[f_{\mathrm{L},m,t}^{(p)} \right]\left[f_{\mathrm{L},m,t}^{(p)} \right]^2 - \rho_{\mathrm{B}\,m}\left[\pi_{n:n=o_1(m),t}^{2(p)} - \pi_{n:n=o_{\mathrm{T}}(m),t}^{2(p)} \right] \\ & + 2\mathrm{sign}\left[f_{\mathrm{L},m,t}^{(p)} \right]\left[f_{\mathrm{L},m,t}^{(p)} \right]\left[f_{\mathrm{L},m,t} - f_{\mathrm{L},m,t}^{(p)} \right] \\ & - 2\rho_{\mathrm{B}\,m}\pi_{n:n=o_1(m),t}^{(p)}\left[\pi_{n:n=o_1(m),t} - \pi_{n:n=o_1(m),t}^{(p)} \right] \\ & + 2\rho_{\mathrm{B}\,m}\pi_{n:n=o_{\mathrm{T}}(m),t}^{(p)}\left[\pi_{n:n=o_{\mathrm{T}}(m),t} - \pi_{n:n=o_{\mathrm{T}}(m),t}^{(p)} \right] \\ & = 0 \end{aligned} \tag{4-29}$$

步骤 3：基于 $X_{\mathrm{CT}}^{(p)}$ 及步骤 2 获得的线性化增量 $\Delta X_{\mathrm{CT}}^{(p)}$，采用遍历法进行一维寻优求解式（4-28）获得最优缩减步长 λ_{STEP}，并更新 $X_{\mathrm{CT}}^{(p)} = X_{\mathrm{CT}}^{(p)} + \lambda_{\mathrm{STEP}} \Delta X_{\mathrm{CT}}^{(p)}$，置 $p = p + 1$；

步骤 4：以更新的运行点 $X_{\mathrm{CT}}^{(p)}$ 作为新的初始运行点，重复步骤 2 和步骤 3，直到满足式（4-27）的收敛精度。

4.3.4　阻尼逐次线性化法与增量线性化法的模型对比

对于含天然气管道非线性方程的优化规划模型，除保留非线性特性的方法外，目前

主流采用增量线性化法进行求解[5]。增量线性化法主要对非线性方程中的非线性项进行分段线性化处理，对于任一含单一变量 x_{part} 的非线性项 $H_{part}(x_{part})$，采用增量线性化法处理如式（4-30）所示。

$$\begin{cases} H_{part}\left(x_{part}\right) = H_{part}\left(x_{part,1}\right) + \sum_{d' \in D_{gas}} \left[H_{part}\left(x_{part,d'+1}\right) - H_{part}\left(x_{part,d'}\right) \right] \delta_{F,d'} \\ x_{part} = x_{part,1} + \sum_{d' \in D_{gas}} \left(x_{part,d'+1} - x_{part,d'} \right) \delta_{F,d'} \\ \varphi_{F,d'} \leqslant \delta_{F,d'} \quad d' = 1,2,\cdots,D_{gas}-1 \\ \delta_{F,d'+1} \leqslant \varphi_{F,d'} \quad d' = 1,2,\cdots,D_{gas} \\ \delta_{F,d'} \in [0,1]; \varphi_{F,d'} \in \{0,1\} \quad d' = 1,2,\cdots,D_{gas} \end{cases} \tag{4-30}$$

式中，D_{gas} 为总分段数；下标 d' 为分段序号；δ_F 指每段所占比例，为连续变量；φ_F 代表某段分段是否被选中的变量，为逻辑变量。

天然气管道非线性方程，即式（4-3）中非线性项包含了 $sign(f_L)f_L^2$ 和 π^2，可按式（4-30）进行处理。

由所建立的模型规模看，采用阻尼逐次线性化法虽然需要通过不断迭代求解，但每次迭代所建立的模型仅对式（4-3）进行泰勒一次展开，并没有增加模型的变量数和约束数。而当采用增量线性化法对非线性模型进行处理时，需要增加引入式（4-30）约束及相关变量。具体来看，对于一个具有 M 条传输管道、N 个节点的天然气管网，考虑调度时段为 T 以及非线性项的线性分段总数 D_{gas}，采用阻尼逐次线性化法和增量线性化法所建立的模型相比原非线性规划模型所需增加的变量及约束如表 4-1 所示。

表 4-1　不同线性化方法所建立模型对比

线性化法	阻尼逐次线性化法	增量线性化法
连续变量增量	0	$(M+N)T + (M+N)TD_{gas}$
离散变量增量	0	$(M+N)TD_{gas}$
约束条件增量	0	$2(M+N)T + (M+N)T(2D_{gas}-1)$

由表 4-1 可知，随着天然气管网规模的增加，模型采用增量线性化法所增加的连续变量、离散变量及约束条件将随之增加，从而使得模型的简洁性变差。对于增量线性化法来说，线性化的精度与分段数相关。线性分段数越多，其能拟合的非线性程度越高，精度也将提高。但随着线性分段数的增加，增量线性化法所形成的模型规模也将线性增加，模型求解难度也将随之增加。相比之下，采用阻尼逐次线性化法不改变原非线性问题的规模，只将其线性化，模型简洁性比采用增量线性化法好。

4.4 算 例 分 析

4.4.1 天然气管网运行特性对调度结果的影响

本节分析天然气管网运行特性，包括天然气管网的运行约束、管存特性对日前优化调度结果的影响。算例系统采用 IEEE-14 节点和 GAS-10 节点耦合系统（网络拓扑参数详见附录 A.1），仿真网架如图 4-3 所示。

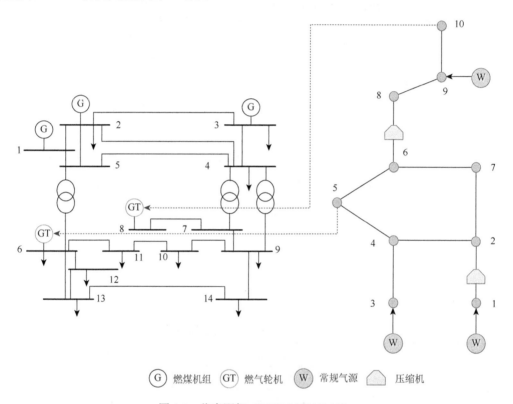

$\textcircled{\scriptsize G}$ 燃煤机组 $\textcircled{\scriptsize GT}$ 燃气轮机 $\textcircled{\scriptsize W}$ 常规气源 $\triangle$ 压缩机

图 4-3 仿真网架（IEEE-14/GAS-10）

图 4-4 为电网和天然气管网的负荷需求曲线（采用基准值 p.u.表示，电负荷的基准值为 500 MW，天然气负荷的基准值为 30 km³/h），该 IEGN 中发电机组包括燃煤机组和燃气轮机机组，机组参数详见附录 B.1（接于电网 3 号节点的机组为高耗能燃煤机组，燃料成本比燃气轮机机组高）。而气源为常规气源，参数详见附录 B.1。为了进一步分析天然气管网运行约束和时延特性对优化调度结果的影响，设置对比场景如下。

场景 1：考虑天然气管网运行约束及管存特性；

场景 2：考虑管存特性，不考虑天然气管网运行约束式（4-23）。特别说明：由于管存容量与运行气压相关, 在此场景仿真中无法完全剔除式 (4-23) 中天然气管网压力约束, 故将气压下限设为允许下限的 0.8 倍, 上限设为允许上限的 1.2 倍。

场景 3: 不考虑天然气管网运行约束和管存特性, 即忽略式 (4-23), 并将式 (4-1) 的管存特性参数和管存容量初值设为 0。

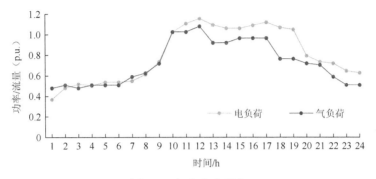

图 4-4　电-气负荷需求

图 4-5 和图 4-6 分别给出了不同情景下发电机组和天然气气源出力的优化结果。

由图 4-5 可知, 从发电机组调度结果看, 燃气轮机机组与燃煤机组形成互补共同满足电网负荷需求。由于燃气轮机机组耗气价格相对燃煤机组高 (除接于电网 3 号节点的高耗能机组外), 故燃气轮机机组主要在电负荷高峰时段 (如 10～19 h) 补充电网功率的缺额。

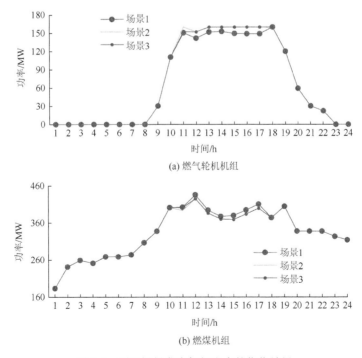

(a) 燃气轮机机组

(b) 燃煤机组

图 4-5　不同场景发电机组出力的优化结果

进一步地，结合图 4-6 不同场景下天然气气源的出力，进一步分析天然气管网的管存特性。由图 4-6（c）可知，场景 3 不考虑管存特性，其管存容量为 0，故天然气气源的出力与其总燃气负荷总需求实时平衡。反观图 4-6（a）和 4-6（b），总燃气负荷曲线与天然气气源的总输出并不一致性，其原因是天然气管网模型中计及了管存特性来反映天然气系统固有的管存特性。在总燃气负荷上升时（如 10～11 h），气源的出力会略低于气负荷的变化，这是由于气负荷上升时将拉低节点气压，削弱管存能力，其可将原存储于管道的天然气释放给了气负荷。同理，当气负荷下降阶段时（如 18～20 h），气源的出力下降幅度小于

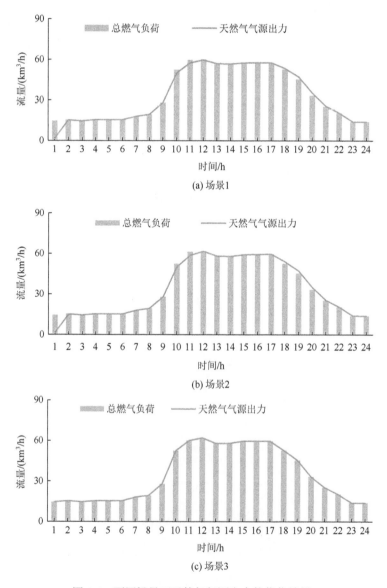

(a) 场景1

(b) 场景2

(c) 场景3

图 4-6　不同场景下天然气气源出力的优化结果

气负荷的变化。其原因在于气负荷降低时，天然气管网节点电压抬升使管存容量需求增加，造成了气源在供应负荷时还得满足管存容量增加的需求进而减少总气源出力下降幅度。

上述天然气气源出力变化略滞后于负荷的变化实质也反映了天然气传输的时延特性。该仿真结果与 4.1.2 节理论推导结论一致，证明了管存的缓冲特性。

进一步对比场景 1 和场景 2，并结合图 4-5、图 4-7 和图 4-8（图 4-7 和图 4-8 分别为天然气管网管存容量和燃气轮机节点气压的优化结果）分析 IEGN 调度运行时，考虑天然气管网运行约束的必要性。由图 4-5（a）知，电负荷高峰时（10～19 h），场景 1 燃气轮机出力比场景 2 低，其主要原因是受到了燃气轮机节点气压约束的影响。由图 4-8（b）可知，

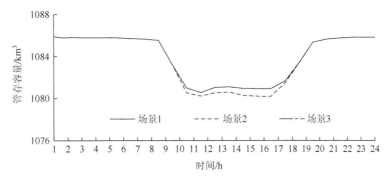

图 4-7　不同场景下天然气管网管存容量

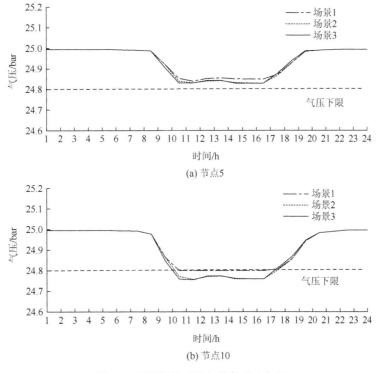

(a) 节点5

(b) 节点10

图 4-8　不同场景下燃气轮机节点气压

在该时段，场景 1 中连接燃气轮机的天然气管网 10 号节点运行气压已经处于下限值。场景 2 由于允许气压越下限，故该场景下将进一步拉低气压和管存容量（见图 4-7），增加燃气轮机的出力，避免采用高耗能的燃煤机组，而使得燃煤机组总出力降低［见图 4-5（b）］。由此可见，若未考虑天然气管网运行约束，调度结果可能致使燃气轮机运行已超越节点气压约束，进而在实际运行中过分高估了燃气轮机机组的出力，影响系统的运行安全。

4.4.2 阻尼逐次线性化法的计算效果分析

本章的模型和阻尼逐次线性化法采用 Matlab2014a 和 GAMS 联合编写，Matlab2014a 负责协调各次迭代和最优步长的一维寻优，GAMS 负责每次迭代混合整数线性规划问题的求解。计算硬件环境为 Inter(R)Core(TM)i3-4150 CPU，3.50 GHz，16 GB RAM。为验证所提阻尼逐次线性化法的优势，在 4.4.1 节所用模型基础上（定义为 TEST1），增加算例计算模型，设置如下（本节仿真中均考虑天然气运行约束及管存特性）。

TEST2：采用 IEEE-39 节点电网和 GAS-20 节点天然气管网的耦合网络（网络拓扑参数详见附录 A.2）。该 IEGN 含 10 台发电机组（设置 3 台燃气轮机机组和 7 台燃煤机组）和 4 个常规气源。机组和气源参数详见附录 B.1 表 B-4～表 B-6。IEGN 总电-气负荷的需求标准值同图 4-4，而电负荷的基准值取 1000 MW，天然气负荷的基准值取 120 km^3/h。

TEST3：采用 IEEE-118 节点电网和 GAS-90 节点天然气管网的耦合网络（网络拓扑参数详见附录 A.3）。该 IEGN 含 54 台发电机组（设置 12 台燃气轮机机组和 42 台燃煤机组）和 8 个常规气源。机组和气源参数详见附录 B.1 表 B-7～表 B-9。总电-气负荷的需求标准值同图 4-4，而电负荷的基准值取 5000 MW，天然气负荷的基准值取 240 km^3/h。

1. 保留天然气管道方程非线性的求解效果

以 TEST1 为例，采用所提阻尼逐次线性化法计算时间为 2.76 s，目标函数为 562 058 美元。当保留天然气管道方程非线性时，4.2 节所提模型为混合整数非线性规划（MINLP）模型。

表 4-2 给出了不同非线性求解器下，采用 MINLP 模型的 TEST1 算例的测试结果（算法时间限制设置为 3 600 s）。四种求解器都没求得最优解。采用 DICOPT 求解器计算时间最短，其原因是子问题的目标值开始恶化，程序停止搜索。而其他三个求解器的计算结果都达到了计算时间设定值的上限。其中 SBB 求解器的计算结果比较接近所提方法计算所得最优值。因此，若保留天然气管网流量方程的非线性，4.2 节所建立的 MINLP 模型相对难以求解。为提高调度模型的计算效率，将天然气管网流量方程线性化具有必要性。

表 4-2　MINLP 模型采用不同求解器的计算结果对比（TEST1）

求解器	DICOPT	SBB	BARON	BONMIN
目标函数/美元	563 010	562 086	562 140	565 050
计算时间/s	26	3 600	3 600	3 600

2. 不同线性化方法求解性能对比

结合 4.3 节所述，对于天然气管道方程的线性化处理，以所提的阻尼逐次线性化法为基准，与采用增量线性化法处理进行对比，不同方法设置如下。

ME-1：采用所提的阻尼逐次线性化法，设置收敛精度 ε_B 为 10^{-1}；

ME-2-I：采用增量线性化法，线性化分段数取 2 段；

ME-2-II：采用增量线性化法，线性化分段数取 4 段；

ME-2-III：采用增量线性化法，线性化分段数取 8 段。

结果对比如表 4-3～表 4-5。表中"—"指计算时间超过 36 000 s（即 10 h）的时间限制，无对应数据。最大非线性误差指天然气流量方程，即式（4-3）的最大绝对误差。

表 4-3　不同线性化方法的计算效果对比（TEST1）

	方法	ME-1	ME-2-I	ME-2-II	ME-2-III
模型规模	约束条件/个	3 610	5 770	7 498	10 954
	0-1 变量/个	360	1 224	2 088	3 816
	连续变量/个	2 497	3 793	4 657	6 385
	非零元素/个	11 184	16 368	21 552	31 920
目标函数/美元		562 058	560 070	561 570	561 983
计算时间/s		2.76	2.03	4.95	131.16
最大非线性误差		8.45E-04	2.92	0.77	0.25

表 4-4　不同线性化方法的计算效果对比（TEST2）

	方法	ME-1	ME-2-I	ME-2-II	ME-2-III
模型规模	约束条件/个	7 939	12 859	16 795	24 667
	0-1 变量/个	720	2 688	4 656	8 592
	连续变量/个	5 809	8 761	10 729	14 665
	非零元素/个	24 891	36 699	48 507	72 123
目标函数/美元		1 444 441	1 436 585	1 437 096	1 444 365
计算时间/s		13.74	74.41	2 462.90	4 522.50
最大非线性误差		0.06	3.84	0.83	0.23

表 4-5　不同线性化方法的计算效果对比（TEST3）

	方法	ME-1	ME-2-I	ME-2-II	ME-2-III
模型规模	约束条件/个	36 277	57 877	75 157	109 717
	0-1 变量/个	3 888	12 528	21 168	38 448
	连续变量/个	24 817	37 777	46 417	63 697
	非零元素/个	116 593	168 433	220 273	323 953
目标函数/美元		5 484 180	5 443 739	5 468 069	—
计算时间/s		153.8	159.9	18 725.5	—
最大非线性误差		0.05	25.92	8.25	—

以 TEST1 来说，由表 4-3 可知，当采用增量线性化法进行模型求解时，为提高模型计算的精度，减少线性化非线性约束带来的误差，需提高线性分段数。由此一来需增加 0-1 变量、连续变量、约束条件、非零元素等。线性分段数取 8 段（ME-2-III 模型）最优目标函数值与所提的阻尼逐次线性化法（ME-1 模型）结果接近，管道方程的最大非线性误差为 0.25，计算时间为 131.16 s。然而，采用 ME-1 模型计算时间仅为 2.76 s，且最大非线性误差小于 0.001。

进一步结合表 4-3～表 4-5 的数据可知，随着系统规模的增大，ME-1 模型计算时间的增长相对缓慢。若采用增量线性化法，尽管可通过降低分段线性化数，即 ME-2-I 来提高计算效率，但其最大非线线性误差随着系统规模增大而增加。

模型 ME-2-II 和 ME-2-III 尽管比 ME-2-I 有相对好的计算精度，但其计算时间却随着系统规模的增大而急剧增加，在 TEST3 的计算中甚至超过了 10 h 的时间限制。其主要原因为随着算例系统规模的增加，ME-2-II 和 ME-2-III 分段线性分别采用 4 段和 8 段使得 0-1 变量、约束条件及非零元素急剧增加，计算时间更长。

相比之下，尽管采用 ME-1 模型需要通过多次迭代实现收敛残差的收敛（算法的收敛性将在下文分析），但每次迭代计算的模型中约束条件、0-1 变量、连续变量、非零元素的个数均比 ME-2-II 和 ME-2-III 少得多。因此采用所提的阻尼逐次线性化法对其线性化处理，相比现有研究常采用的增量线性化法，既提升了模型的简洁性，也在保证计算精度的同时提高了计算效率。

3. 阻尼逐次线性化法的收敛性分析

图 4-9 给出了不同计算模型下阻尼逐次线性化法与不进行步长优化修正的逐次线性化法在收敛性上的对比。

由图 4-9（a）可知，采用阻尼逐次线性化法在不同的计算模型下均具有较好的收敛性能，在约 10 次迭代后（TEST1 约为 5 次）已经能满足既定精度要求，并且收敛残差在收敛的过程中不断减少。反观图 4-9（b），当逐次线性化没有进行步长修正时，在较小计算模型系统（TEST1）还可表现出较好的收敛性，但收敛速度比阻尼逐次线性化法慢。而在较大计算模型系统中收敛性较差，尽管 TEST2 在迭代的过程中已有迭代点能满足精度要求，但其收敛过程是震荡的，TEST3 则属于震荡不收敛的情况。

可见，通过一维搜索的方法确定最优步长，有利于在迭代过程中避免出现步长过大的情况，通过最优缩小步长保证收敛残差最大化减少，加强收敛性能。

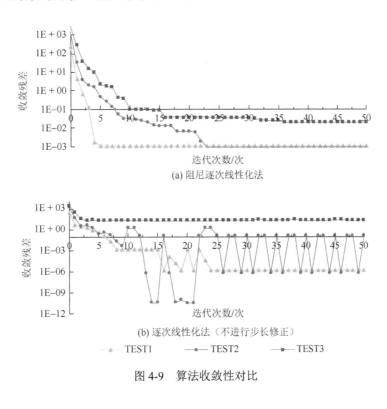

图 4-9　算法收敛性对比

4.5　本 章 小 结

基于 IEGN 以燃气轮机单向耦合为主的现状，建立了含燃气轮机单向耦合的 IEGN 日前经济优化调度模型。该模型计及了天然气管网约束，同时考虑了天然气管网的管存特性。为提高模型求解效率，在传统逐次线性化求解算法上，增加了一维最优步长搜索，并在此基础上提出了阻尼逐次线性化法的调度模型求解方法。主要结论如下：

（1）考虑管存特性所建立的 IEGN 日前经济优化调度模型可以反映电网和天然气管网不同时间尺度的功率传输特性。而 IEGN 调度运行中考虑天然气管网运行约束具有必要性，否则可能导致过分高估燃气轮机机组的出力进而影响系统的安全运行。

（2）所提的阻尼逐次线性化法相比现有研究常采用的增量线性化法，提升了模型的简洁性，在保证计算精度的同时还具有较高的求解效率。

参 考 文 献

[1] 杨自娟，高赐威，赵明. 电力-天然气网络耦合系统研究综述[J]. 电力系统自动化，2018，42（16）：21-31，56.

[2] 苏洁莹，林楷东，张勇军，等. 基于统一潮流建模及灵敏度分析的电-气网络相互作用机理[J]. 电力系统自动化，2020，44（2）：43-52.

[3] Correa-Posada C M，Sánchez-Martín P. Security-constrained optimal power and natural-gas flow[J]. IEEE Transactions on Power Systems，2014，29（4）：1780-1787.

[4] 林楷东，陈泽兴，张勇军，等. 含 P2G 的电-气互联网络风电消纳与逐次线性低碳经济调度[J]. 电力系统自动化，2019，43（21）：23-33.

[5] Correa-Posada C M，Sánchez-Martín P. Integrated power and natural gas model for energy adequacy in short-term operation[J]. IEEE Transactions on Power Systems，2014，30（6）：3347-3355.

第 5 章　基于碳交易机制的电-气耦合网络低碳经济优化调度

为助力"双碳"目标，电-气耦合网络（IEGN）的运行优化研究有必要由传统的经济调度向低碳经济调度转变。一方面，电转气（P2G）技术在进行能量转换的同时具有低碳的效益，另一方面，碳捕集、利用与封存（CCUS）技术的发展为节能减排提供了新的途径。对于 IEGN 而言，若将碳捕集电厂与 P2G 设备进行耦合可实现碳的循环利用，进一步改善 IEGN 的低碳运行性能。据此，本章在经济调度的基础上，结合政府监管部门制定碳排放交易机制，考虑碳捕集电厂与 P2G 设备的协同，构建 IEGN 低碳经济优化调度模型。

5.1　碳捕集电厂与 P2G 设备协同运行

5.1.1　碳捕集与 P2G 协同碳利用框架

在传统发电厂加装碳捕集系统即可转换为碳捕集电厂。碳捕集设备作用于发电厂的烟气系统，利用压缩分离等技术将 CO_2 从发电厂排放的烟气中分离出来，捕捉后经一系列处理流程到达 CO_2 吸收塔。经吸收塔捕获所得 CO_2 部分提供给 P2G 设备进行利用，剩余流入 CO_2 压缩器进行封存处理[1]。

基于上述流程所捕集的 CO_2 为 P2G 设备提供作用原料是高效环保的碳循环利用过程。含碳捕集与 P2G 协同运行的电-气耦合网络框架图如图 5-1 所示，由燃煤机组、电转气设备、燃气轮机机组、新能源厂站（考虑为风电场）、碳捕集设备等构成。燃气轮机与电转气设备实现了电网与天然气管网间能量的双向流动。P2G 设备具有高效消纳可再生能源的作用，在风电富余时充分消纳零边际成本的风电资源，将碳捕集电厂捕获的 CO_2 转化为天然气。碳捕集电厂与 P2G 设备进行耦合实现碳循环，既能够解决电转气设备的原料问题，同时碳捕集系统与 P2G 设备协同运行有效提高了 IEGN 的低碳经济效益，降低 CO_2 的排放量，减轻对环境的污染，极大提升了 IEGN 的风电消纳能力。

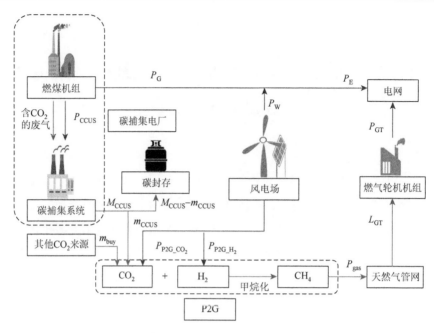

图 5-1 含碳捕集与 P2G 协同运行的电-气耦合网络框架图

5.1.2 碳捕集与 P2G 的能耗与成本

1. 碳捕集系统能耗与碳捕集量

碳捕集系统的能耗主要由以下两部分组成：一部分为系统的基础能耗 $P_{B,t}^{CCUS}$，是引入碳捕集系统使发电机组的结构发生改变而引起发电功率损失所产生的能耗，此部分能耗与碳捕集系统运行状态无关，可认为恒定不变；另一部分为系统的运行能耗 $P_{R,t}^{CCUS}$，是碳捕集系统对 CO_2 捕集处理过程中的能量损耗，此部分能耗与碳捕集系统的运行状态相关，在运行时段 t 内燃煤机组 i 配置的碳捕集系统的能耗 $P_{CCUS,i,t}$ 可表示如下：

$$P_{CCUS,i,t} = P_{R,i,t}^{CCUS} + P_{B,t}^{CCUS} \qquad (5-1)$$

安装碳捕集系统产生的能耗导致系统损失原有的部分售电利益，该部分碳捕集成本 F_{CCUS} 可表示为

$$F_{CCUS} = \sum_{t=1}^{T} C_{E,t} P_{CCUS,i,t} \qquad (5-2)$$

式中，$C_{E,t}$ 为 t 时段的上网电价；T 表示调度周期；F_{CCUS} 是安装碳捕集系统导致燃煤机组产生的能耗，此部分成本被包含在燃煤机组发电成本内。

碳捕集的运行能耗与 CO_2 捕集量相关，第 i 台机组配置的碳捕集设备在 t 时段内的运行能耗可表示为

$$P_{R,i,t}^{CCUS} = e_{G,i}\rho_{CCUS}\eta_{CCUS,i,t}P_{G,i,t} \tag{5-3}$$

$$P_{G,i,t} = P_{CCUS,i,t} + P_{E,i,t} \tag{5-4}$$

式中，$e_{G,i}$ 表示第 i 台燃煤机组的单位碳排放强度；$\eta_{CCUS,i,t}$ 表示时段 t 内第 i 台机组配置的碳捕集设备的捕集效率；ρ_{CCUS} 表示捕集单位二氧化碳所消耗的电功率，可视为常数；$P_{G,i,t}$ 表示时段 t 内第 i 台机组总发电功率；$P_{E,i,t}$ 表示时段 t 内第 i 台机组的净输出功率。

消耗上述运行能耗所对应的时段 t 内第 i 台机组配置的碳捕集设备所捕集的 CO_2 量 $M_{CCUS,i,t}$ 为

$$M_{CCUS,i,t} = e_{G,i}\eta_{CCUS,i,t}P_{G,i,t} \tag{5-5}$$

2. 二氧化碳利用量与成本

碳捕集设备所捕集的 CO_2 优先提供给 P2G 设备作为原料合成天然气，能够实现碳的再利用。P2G 设备不仅是 IEGN 的重要能源耦合设备还具备消纳系统剩余风电资源的重要作用，其运行成本将影响 IEGN 消纳风电的能力。P2G 设备运行成本主要包括电转气过程中消耗电能成本与原料购买成本。电转气设备的耗电成本可根据电转气的能量转换关系进行计算，体现在发电机组耗量特性所计算的成本内，且由于 P2G 设备主要通过利用系统富余的风电资源工作，其耗电成本较低。

此外，电转气生成的天然气流量与耗电功率的关系如下：

$$P_{P2G,k,t} = \frac{P_{gas,k,t}}{\eta_{P2G,k,t}} = \frac{H_g f_{gas,k,t}}{3.6\eta_{P2G,k,t}} \tag{5-6}$$

式中，$f_{gas,k,t}$ 表示第 k 个 P2G 设备在时段 t 内的生成天然气的流量；$P_{P2G,k,t}$ 表示第 k 个 P2G 设备在时段 t 内的耗电功率；$\eta_{P2G,k,t}$ 表示第 k 个 P2G 设备在时段 t 内的能量转换效率；$P_{gas,k,t}$ 表示第 k 个 P2G 设备在时段 t 内生成天然气的功率；H_g 表示天然气的热值，其值为 39 MJ/m³。

当碳捕集的二氧化碳量不足时，P2G 设备运行成本中原料成本主要为 CO_2 购买成本，上述生成天然气流量 $f_{gas,k,t}$ 所需 CO_2 量可用 $m_{P2G,k,t}$ 表示。

$$m_{P2G,k,t} = m_{buy,k,t} + m_{CCUS,i,t} = \xi_{CO_2}f_{gas,k,t} \tag{5-7}$$

式中，$m_{buy,k,t}$ 为购买的二氧化碳量；$m_{CCUS,i,t}$ 为时段 t 内碳捕集设备供给电转气设备的 CO_2 利用量；ξ_{CO_2} 为产生单位天然气所需 CO_2 质量系数。

结合上述关系式，其原料成本 F_{P2G} 可以表示为

$$F_{P2G} = \sum_{t=1}^{T}\left[C_{CO_2}\left(\sum_{k=1}^{n_{P2G}}m_{buy,k,t}\right)\right] \tag{5-8}$$

式中，n_{P2G} 为电转气设备的数量；C_{CO_2} 为 CO_2 价格系数。

由图 5-1 可知，碳捕集所得 CO_2 部分供给 P2G 设备进行碳利用，为减少 CO_2 排放，降低大气污染，剩余部分 CO_2 进行封存处理。在考虑碳捕集电厂与 P2G 设备协同运行进行循环碳利用的场景中减少了碳封存量，降低了碳封存的成本，在此场景下碳封存成本 F_{ST} 可表示为

$$F_{ST} = \sum_{t=1}^{T}\left[C_{ST} \sum_{i=1}^{n_{CCUS}} \left(M_{CCUS,i,t} - m_{CCUS,i,t} \right) \right] \tag{5-9}$$

式中，C_{ST} 为碳封存价格系数；n_{CCUS} 为碳捕集设备的数量。

5.2　双向阶梯式碳交易机制

碳交易机制是政府监管部门制定碳排放的规则，各交易主体通过市场对碳排放权进行交易进而控制碳排放的市场交易机制。碳交易机制利用市场手段控制碳排放量，能够有效促进各行业对低碳减排的响应力度，激发企业节能减排的积极性。

5.2.1　初始碳排放权配额模型

根据所制定的排放规则，政府监管部门分配初始的碳排放权配额。当产生的碳排放量低于所分配的初始配额时，可将剩余的碳排放权配额在碳交易市场进行出售，反之则需要在碳交易市场购买超出初始配额的部分碳排放权配额。对于电力行业，初始碳排放权的配额一般以无偿为主[2]，初始无偿碳排放权配额与碳排放源输出电功率相关。所构建的电-气耦合网络主要计及的碳排放源为燃煤机组和燃气轮机机组，其初始碳排放权配额模型分别如下式所示：

$$D_{G,i} = \gamma_G P_{G,i} \tag{5-10}$$

$$D_{GT,j} = \gamma_{GT} P_{GT,j} \tag{5-11}$$

式中，$D_{G,i}$ 和 $D_{GT,j}$ 分别表示第 i 台燃煤机组的碳排放权配额和第 j 台燃气轮机机组的碳排放权配额；γ_G 和 γ_{GT} 分别表示燃煤机组和燃气轮机机组的配额系数；$P_{G,i}$ 和 $P_{GT,j}$ 分别表示第 i 台燃煤机组的输出功率和第 j 台燃气轮机机组的输出电功率。

5.2.2　双向奖惩阶梯式碳交易模型

目前，我国碳交易机制主要有 2 种形式，分为传统碳交易机制与阶梯式碳交易机制。传统碳交易模型可用下式表示：

$$F_C = C_C \left(D_C - \sum_{i=1}^{n_G} D_{G,i} - \sum_{j=1}^{n_{GT}} D_{GT,j} \right) = C_C \left(D_C - D_f \right) \tag{5-12}$$

式中，F_C 表示碳交易成本；C_C 表示单位碳排放权交易基础价格；D_C 表示实际碳排放量；D_f 表示 IEGN 的总无偿碳排放权配额；n_G 和 n_{GT} 分别表示燃煤机组和燃气轮机机组的数量。

为了有效发挥碳交易市场的碳减排引导作用，在传统碳交易机制基础上采用阶梯式碳交易机制。阶梯式碳交易机制以无偿碳排放权为基准，划分多个碳排放量区间。碳排放量越多的区间，购买单位碳排放权相应的碳交易价格越高，即系统实际碳排放量越多，其所需花费的碳交易成本越高，以此严格控制 IEGN 的碳排放，阶梯式碳交易模型可表示为

$$F_C = \begin{cases} C_C \left(D_C - D_f \right) & D_C - D_f \leqslant h \\ C_C h + C_C (1 + \lambda)\left(D_C - D_f - h \right) & h < D_C - D_f \leqslant 2h \\ C_C (2 + \lambda) h + C_C (1 + 2\lambda)\left(D_C - D_f - 2h \right) & 2h < D_C - D_f \leqslant 3h \\ \quad\vdots & \quad\vdots \end{cases} \tag{5-13}$$

式中，h 表示碳排放量的区间长度；λ 表示碳排放量区间的价格增长幅度。

为了进一步促进各交易主体参与碳交易，引导节能减排，构建双向奖惩阶梯式碳交易模型。当系统碳交易成本 F_C 为正时，表示此周期内系统实际碳排放量超出无偿碳排放权配额，需要根据相应碳交易机制购买超出的碳排放权；当系统碳交易成本 F_C 为负时，表示此周期内系统实际碳排放量少于所分配的无偿配额，系统向市场售出剩余的碳排放权。双向奖惩阶梯式碳交易模型划分碳排放量为正负两个方向的多个区间，即一方面在碳排放量越多时相应增加购买碳排放权的价格，另一方面在碳排放权盈余越多时相应增加售卖碳排放权的价格，在阶梯式碳交易机制严格约束碳排放的基础上进一步引导碳减排，所构建的双向奖惩阶梯式碳交易模型可表示为

$$F_C = \begin{cases} \quad\vdots & \quad\vdots \\ -C_C (2 + \lambda) h + C_C (1 + 2\lambda)\left(D_C - D_f + 2h \right) & -3h < D_C - D_f \leqslant -2h \\ -C_C h + C_C (1 + \lambda)\left(D_C - D_f + h \right) & -2h < D_C - D_f \leqslant -h \\ C_C \left(D_C - D_f \right) & -h < D_C - D_f \leqslant h \\ C_C h + C_C (1 + \lambda)\left(D_C - D_f - h \right) & h < D_C - D_f \leqslant 2h \\ C_C (2 + \lambda) h + C_C (1 + 2\lambda)\left(D_C - D_f - 2h \right) & 2h < D_C - D_f \leqslant 3h \\ \quad\vdots & \quad\vdots \end{cases} \tag{5-14}$$

5.3　电-气耦合网络低碳经济优化调度模型

5.3.1　目标函数

兼顾 IEGN 的低碳性与经济性，构建的电-气耦合网络低碳经济优化调度模型的优化目标为系统总运行成本 F 最小，考虑周期 T 为一天 24 h 的经济优化调度问题，系统总运行成本 F 可表示为

$$F = F(P_G) + F_{gas} + F_{C,all} + F_W + F_{P2G} \tag{5-15}$$

式中，$F(P_G)$ 表示燃煤机组发电成本；F_{gas} 表示天然气管网购气成本；$F_{C,all}$ 表示碳成本；F_W 表示弃风成本；F_{P2G} 表示 P2G 成本。

1）燃煤机组发电成本

$$F(P_G) = \sum_{t=1}^{T} \sum_{i=1}^{n_G} \left[x_i (P_{G,i,t})^2 + y_i P_{G,i,t} + z_i \right] \tag{5-16}$$

式中，$P_{G,i,t}$ 表示第 i 个燃煤机组在时段 t 内的发电功率；x_i、y_i、z_i 表示燃煤机组 i 的耗量特性参数。

2）天然气管网购气成本

$$F_{gas} = \sum_{t=1}^{T} \sum_{g=1}^{n_g} C_{gas} W_{G,g,t} \tag{5-17}$$

式中，C_{gas} 表示天然气价格；$W_{G,g,t}$ 表示第 g 个气源在时段 t 内的供气量；n_g 表示气源数量，其中燃气轮机机组成本已被包含在购气成本之内。

3）碳成本

碳成本包括碳交易成本和碳封存成本，结合式（5-9）和式（5-14）可表示如下：

$$F_{C,all} = F_C + F_{ST} \tag{5-18}$$

4）弃风成本

$$F_W = \sum_{t=1}^{T} \sum_{w=1}^{n_W} C_W \Delta P_{W,w,t} \tag{5-19}$$

式中，C_W 表示风电场的弃风罚系数；$\Delta P_{W,w,t}$ 表示在时段 t 内第 w 个风电场的弃风量；n_W 表示风电场数量。

5）P2G 成本

P2G 成本中原料成本主要为 CO_2 购买成本，如式（5-8）所示。

5.3.2　约束条件

1. 电网运行约束

1）功率平衡约束

$$\sum_{i=1}^{n_{\mathrm{G}}}\left(P_{\mathrm{G},i,t}-P_{\mathrm{CCUS},i,t}\right)+\sum_{j=1}^{n_{\mathrm{GT}}}P_{\mathrm{GT},j,t}+\sum_{w=1}^{n_{\mathrm{W}}}\left(P_{\mathrm{W},w,t}-\Delta P_{\mathrm{W},w,t}\right)=\sum_{k=1}^{n_{\mathrm{P2G}}}P_{\mathrm{P2G},k,t}+\sum_{l=1}^{n_{\mathrm{L}}}P_{\mathrm{L},l,t} \quad （5-20）$$

式中，$P_{\mathrm{W},w,t}$ 表示第 w 个风电场在时段 t 内的风电输出功率；$P_{\mathrm{L},l,t}$ 表示在时段 t 内第 l 个负荷的功率；n_{L} 表示负荷数量。

2）发电机组出力约束和爬坡约束

$$P_{\mathrm{G},i,t}^{\min}\leqslant P_{\mathrm{G},i,t}\leqslant P_{\mathrm{G},i,t}^{\max} \quad （5-21）$$

$$\begin{cases} P_{\mathrm{G},i,t}-P_{\mathrm{G},i,t-1}\leqslant R_{\mathrm{U},i} \\ P_{\mathrm{G},i,t}-P_{\mathrm{G},i,t-1}\leqslant R_{\mathrm{D},i} \end{cases} \quad （5-22）$$

式中，$P_{\mathrm{G},i,t}^{\max}$、$P_{\mathrm{G},i,t}^{\min}$ 分别表示第 i 个发电机组在时段 t 内的发电功率上、下限；$R_{\mathrm{U},i}$、$R_{\mathrm{D},i}$ 分别表示第 i 个发电机组的上、下爬坡速率。

3）弃风约束

$$0\leqslant\Delta P_{\mathrm{W},w,t}\leqslant P_{\mathrm{W},w,t} \quad （5-23）$$

2. 天然气管网运行约束

若忽略天然气的慢动态特性，会对 IEGN 优化调度结果产生影响，为得到更实际的最优方案，采用计及管存特性的天然气能量流模型。需满足天然气管网的管存约束、天然气管道传输约束、节点气压约束、气源约束、压缩机约束，如式（3-6）～式（3-15）所示。

结合以上约束，天然气管网节点流量平衡约束可表示如下：

$$W_{\mathrm{G},i,t}-L_{\mathrm{L},i,t}-L_{\mathrm{GT},i,t}+W_{\mathrm{P2G},i,t}-f_{\mathrm{C},i,t}-\tau_{\mathrm{C},i,t}+\sum_{i\in j}\left(f_{ij,t}^{\mathrm{out}}-f_{ij,t}^{\mathrm{in}}\right)=0 \quad （5-24）$$

式中，$W_{\mathrm{G},i,t}$ 表示 t 时刻天然气节点 i 处的气源注入流量；$W_{\mathrm{P2G},i,t}$ 表示 t 时刻天然气节点 i 处的 P2G 注入流量；$i\in j$ 表示天然气管网中所有与节点 i 相连的节点；$f_{ij,t}^{\mathrm{in}}$ 和 $f_{ij,t}^{\mathrm{out}}$ 分别为注入和流出天然气流量；$L_{\mathrm{L},i,t}$ 表示 t 时刻天然气节点 i 处的气负荷；$L_{\mathrm{GT},i,t}$ 表示 t 时刻天然气节点 i 处的燃气轮机耗气量；$f_{\mathrm{C},i,t}$ 和 $\tau_{\mathrm{C},i,t}$ 分别表示 t 时刻流经压缩机的天然气流量和所消耗的天然气流量。

3. 耦合设备运行约束

1）燃气轮机耗气量约束

燃气轮机运行需满足式（5-21）和式（5-22）所述的出力约束和爬坡约束。除运行约束外，燃气轮机功率转换关系为

$$L_{\text{GT},j,t} = \beta_{2,j} P_{\text{GT},j,t} \tag{5-25}$$

式中，$\beta_{2,j}$ 表示燃气轮机耗气量特性曲线参数。

2）P2G 功率约束

P2G 设备的能量转换关系约束如式（5-6）所示，还需满足输出功率上限约束，可表示如下：

$$0 \leqslant P_{\text{P2G},k,t} \leqslant P_{\text{P2G},k,t}^{\max} \tag{5-26}$$

式中，$P_{\text{P2G},k,t}^{\max}$ 表示第 k 个 P2G 设备在 t 时刻的输出功率上限。

4. 碳约束

碳捕集电厂需满足碳捕集功率平衡约束［式（5-1）和式（5-3）］、碳捕集所获 CO_2 约束［式（5-5）］和 P2G 所需 CO_2 约束［式（5-7）］。

其中，碳捕集率上下限约束为

$$\eta_{\text{CCUS},i}^{\min} \leqslant \eta_{\text{CCUS},i,t} \leqslant \eta_{\text{CCUS},i}^{\max} \tag{5-27}$$

式中，$\eta_{\text{CCUS},i}^{\max}$、$\eta_{\text{CCUS},i}^{\min}$ 分别表示碳捕集设备的碳捕集率上、下限。

所捕获的 CO_2 供 P2G 设备利用还需满足以下约束：

$$0 \leqslant m_{\text{P2G},k,t} \leqslant m_{\text{CCUS},i,t} \tag{5-28}$$

5. 储碳设备约束

此外，由于 P2G 设备与碳捕集电厂二者运行时间存在不对等的问题，捕集的 CO_2 利用率会有所降低。为实现碳捕集和利用两个步骤的时间解耦可配置储碳设备，将所捕集到的部分 CO_2 经压缩后进行存储，可提高碳捕集 CO_2 的利用率，同时能够提升系统消纳风电的能力。储碳设备需满足以下约束：

$$M_{\text{SC},t}^{\text{CO}_2} = M_{\text{SC},t-1}^{\text{CO}_2} + \left(1 - \psi_{\text{SC}}\right) M_{\text{CCUS},i,t} - M_{t,\text{out}}^{\text{CO}_2} \tag{5-29}$$

$$M_{\text{SC}}^{\text{CO}_2,\min} \leqslant M_{\text{SC},t}^{\text{CO}_2} \leqslant M_{\text{SC}}^{\text{CO}_2,\max} \tag{5-30}$$

式中，$M_{\text{SC},t}^{\text{CO}_2}$ 表示储碳设备 SC 在 t 时刻的储碳量；ψ_{SC} 表示储碳设备 SC 的储碳损耗系数；$M_{t,\text{out}}^{\text{CO}_2}$ 表示储碳设备 SC 在 t 时刻输出的 CO_2 量；$M_{\text{SC}}^{\text{CO}_2,\min}$ 和 $M_{\text{SC}}^{\text{CO}_2,\max}$ 分别表示储碳设备 SC 的最小储碳量和最大储碳量。

此外，储碳设备的成本可表示为

$$F_{SC} = \sum_{t=1}^{T} \left[C_{SC} \left(\sum_{SC=1}^{n_{SC}} M_{sc,t}^{CO_2} \right) \right]$$ （5-31）

式中，F_{SC} 表示储碳成本；C_{SC} 表示单位 CO_2 存储价格；n_{SC} 表示储碳设备的数量。

5.3.3 模型的线性化处理

利用分段线性化方法对式（5-16）进行线性化处理，表示如下：

$$\begin{cases} P_{G,i,t} = u_{G,i,t} P_{G,i,t}^{min} + \sum_{m=1}^{M_i} p_{G,i,t,m} \\ F(P_G) = \sum_{t=1}^{T} \sum_{i=1}^{n_G} \left[u_{G,i,t} \left(x_i + y_i P_{G,i,t}^{min} + z_i P_{G,i,t}^{min} \right) + \sum_{m=1}^{M_i} \kappa_{i,m} p_{G,i,t,m} \right] \\ 0 \leqslant p_{G,i,t,m} \leqslant P_{G,i,m} - P_{G,i,m-1}, P_{G,i,0} = P_{G,i,t}^{min}, P_{G,i,M_i} = P_{G,i,t}^{max} \end{cases}$$ （5-32）

式中，$\kappa_{i,m}$ 表示机组 i 在第 m 分段区间的斜率；M_i 表示机组 i 的成本函数分段线性化分段总数；$p_{G,i,t,m}$ 表示在 t 时段内机组 i 第 m 分段区间上的实际出力变量；$u_{G,i,t}$ 为表示机组 i 在 t 时段内运行和停机状态的 0-1 变量；$P_{G,i,m}$ 表示机组 i 在第 m 分段点的出力；$P_{G,i,m}-P_{G,i,m-1}$ 表示机组 i 在第 m 分段区间上的最大出力。

另外，对于模型中描述天然气传输的非凸非线性方程，仍采用第 4 章提出的阻尼逐次线性化法进行线性化处理。

5.4 算 例 分 析

基于上述构建的电-气耦合网络低碳经济优化调度模型，仿真系统如图 5-2 所示。将燃气轮机机组设置在电力系统发电机组节点 32、33、35 处，分别由天然气系统的节点 12、6、20 供应天然气进行发电，其余发电机组为燃煤机组。将 P2G 气源输入端接在电力系统节点 30、31、34 外，输出端接在天然气系统的气源节点 4、13、17 处。在考虑碳捕集电厂与 P2G 设备的场景中，碳捕集电厂与 P2G 设备仅安装在电力系统节点 30、31、34 这三台燃煤机组。在电力系统节点 34、36、37 配置风电场。电负荷与天然气负荷的功率预测曲线[3]如图 5-3 所示，风电场总出力的预测[4]如图 5-4 所示。电网参数由 Matpower 软件提供，天然气管网的网络拓扑参数详见附录 A。

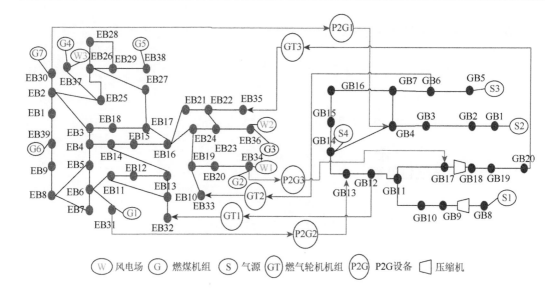

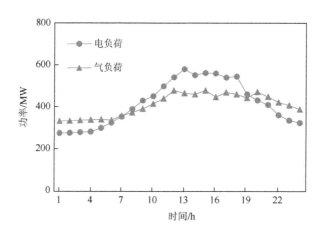

图 5-2　算例结构图

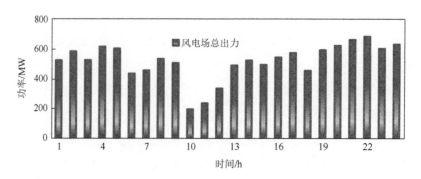

图 5-3　负荷功率预测曲线图

图 5-4　风电场总出力预测图

算例参数设置主要如下：碳捕集电厂的碳捕集率的下限值和上限值分别设定为 0 和 0.9，捕集单位 CO_2 所消耗的电功率设定为 0.23 MW·h/t，碳捕集的基础能耗功率设定为 15 MW，碳封存成本系数设定为 4.89 美元/t[1]，碳交易价格设定为 27 美元/t；P2G 转换效率设定为 0.7，P2G 运行成本系数设定为 120 美元/t，生成单位天然气所需 CO_2 的质量系数设定为 0.2，弃风成本设定为 100 美元/(MW·h)，储碳损耗系数设定为 0.01。

5.4.1　不同场景下低碳经济调度结果分析

为了验证所建立的计及碳捕集与阶梯式碳交易机制的 IEGN 低碳经济优化调度模型的有效性，暂不考虑储碳设备的配置，设置以下 6 种场景进行低碳经济调度对比分析。

场景 1：计及传统碳交易机制，不考虑碳捕集系统和 P2G 设备；

场景 2：计及传统碳交易机制，不考虑 P2G 设备，只考虑碳捕集系统；

场景 3：计及传统碳交易机制，不考虑碳捕集系统，只考虑 P2G 设备；

场景 4：计及传统碳交易机制，考虑碳捕集和 P2G 设备协同运行；

场景 5：计及阶梯式碳交易机制，考虑碳捕集和 P2G 设备协同运行；

场景 6：计及双向奖惩奖阶梯式碳交易机制，考虑碳捕集和 P2G 设备协同运行。

6 种场景下 IEGN 低碳经济调度结果如表 5-1 所示，其中碳交易成本为负时表示此场景下系统通过向市场售出富余的碳排放权获取碳交易收益。不同场景下弃风功率曲线、二氧化碳购买量曲线、实际碳排放量分别如图 5-5～图 5-7 所示。

表 5-1　6 种场景下 IEGN 低碳经济调度结果　　　　　（单位：美元）

成本	场景 1	场景 2	场景 3	场景 4	场景 5	场景 6
燃煤机组发电成本	206 054.485	244 481.250	209 198.664	236 375.885	247 054.722	258 199.353
天然气管网购气成本	362 625.847	350 582.649	353 090.012	349 477.657	347 213.211	345 951.201
碳交易成本	50 281.490	−5 255.498	50 829.608	−8 420.721	−19 553.515	−37 476.573
碳封存成本	0	16 969.244	0	21 006.946	23 717.244	30 679.115
P2G 原料成本	0	0	9 595.004	4 202.518	3 885.055	3 738.209
弃风成本	47 772.059	41 487.786	382.101	0	0	0
总成本	666 733.881	648 265.431	623 095.389	602 642.285	602 316.712	601 091.305

从仿真结果得出，分别引入碳捕集系统和 P2G 设备的场景 2 和场景 3 下总成本均有大幅降低。场景 2 中引入碳捕集系统后，碳交易成本和实际碳排放量显著降低，系统由从市场购入碳排放权转变为向市场售卖碳排放权，系统总成本也有所降低，而增加的系

统发电成本部分则是来源于碳捕集系统的配置增大了发电机组的能耗而产生的成本。场景3引入P2G设备后，P2G设备利用富余的风电资源将其转换为天然气，不仅减少了系统运行的购气成本，而且充分消纳风电资源减少了弃风量，降低了弃风成本，显著提高了IEGN的风电消纳利用率，IEGN总成本也显著降低。

场景4中，碳捕集电厂与P2G设备的协同运行模式下P2G设备利用碳捕集系统捕获的CO_2作为原料转换天然气，能够实现IEGN的碳循环利用，降低IEGN的碳排放量并进一步提升了IEGN消纳风电的能力。同时，相对于场景3，场景4在提高风电消纳能力的同时，碳捕集系统所得CO_2供应给P2G设备充当原料，减少了所需CO_2购买量，P2G设备原料成本大幅降低，进一步降低了IEGN的总成本。由此可得，碳捕集系统与P2G设备协同运行的模式有效提高了IEGN的低碳经济效益。

此外，由图5-7可得6个场景下实际碳排放量分别为2 714.352 t、863.469 t、2 918.920 t、648.996 t、591.489 t、504.357 t，表明场景5和场景6引入阶梯式碳交易机制能够进一步控制IEGN的碳排放，提升了系统的低碳性能。相对于场景4和场景5，场景6的实际碳排放量分别下降了22.287%和14.731%，表明双向奖惩阶梯式碳交易机制能更有效地引导节能减排。在此基础上，相较于其他场景，场景6的总成本仍有所降低，保证了IEGN运行的经济性，表明双向奖惩阶梯式碳交易模型进一步发挥了碳捕集与P2G联合运行的低碳经济性能。

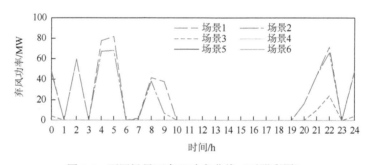

图5-5　不同场景下弃风功率曲线（后附彩图）

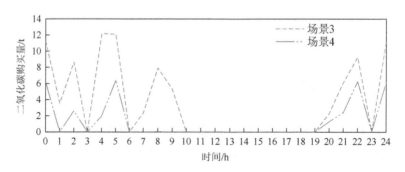

图5-6　不同场景下二氧化碳购买量曲线

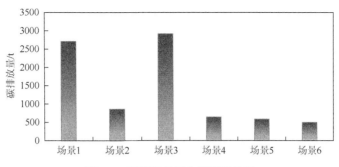

图 5-7　不同场景下实际碳排放量

5.4.2　碳交易价格影响分析

在低碳经济优化调度模型中，模型对于碳交易价格的变化较为敏感，碳交易价格对系统的成本以及碳排放量均有所影响。为了进一步分析碳交易价格波动的影响，在场景 6 的基础上，考虑不同碳交易价格进行仿真分析，不同碳交易价格下的成本对比和实际碳排放量分别如图 5-8 和图 5-9 所示。

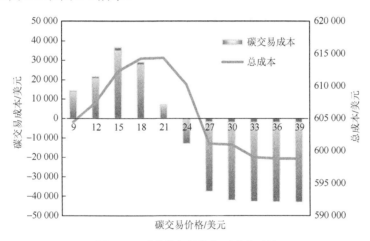

图 5-8　不同碳交易价格下成本对比

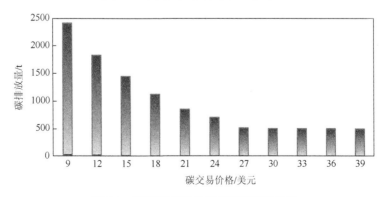

图 5-9　不同碳交易价格下实际碳排放量

从仿真结果可得，随着碳交易价格的上升，系统的实际碳排放量呈现下降趋势，而碳交易成本同时受碳交易价格和碳排放量的影响，呈现先增后降的趋势。在碳交易价格低于 18 美元/t 时，此时碳交易价格为影响碳交易成本变化的主要因素，碳交易成本随碳交易价格的增加而有所增加，总成本也随之增加。在碳交易价格大于 18 美元/t 时，实际碳排放量为影响碳交易成本变化的主要因素，碳交易成本呈现下降趋势，系统总成本也转为下降趋势。当碳交易价格大于 24 美元/t 时，系统的实际排放量低于无偿碳排放权配额，系统从向市场购入碳排放权向市场售卖碳排放权转变，系统转变为从碳交易市场中获利。由于双向奖惩阶梯式碳交易模型下对系统碳减排的引导作用，碳排放量仍呈现下降趋势，此时系统碳交易成本和总成本均明显降低。当碳交易价格大于 30 美元/t 时，此时继续增加碳交易价格，碳捕集系统受碳捕集效率制约，无法继续捕集额外碳量，实际碳排放量、碳交易成本和总成本的下降趋势均减缓。因此，需选择合适的碳交易价格有效引导 IEGN 低碳经济运行。

5.4.3 储碳设备容量影响分析

碳捕集电厂与 P2G 设备协同运行期间存在运行时间上不对等的问题，储碳设备可以作为二者的中转枢纽，充分发挥碳捕集与 P2G 设备协同运行的低碳性能。为了分析储碳设备的影响，在场景 6 的基础上配置容量为 2.5 t、5 t、7.5 t、10 t、12.5 t、15 t 的储碳设备进行仿真分析，不同储碳设备容量下的成本对比如图 5-10 所示。

P2G 设备在风电出力盈余时工作，消纳风电资源转换为天然气。由于风力盈余时燃煤机组出力往往较少，碳捕集系统所能收集的 CO_2 较少，不足以提供 P2G 设备所需原料。而碳捕集系统在燃煤机组运作时即可捕集 CO_2，储碳设备的配置将碳捕集所得的部分 CO_2 存储起来，待风电盈余时供 P2G 设备作为原料使用，提高了碳捕集所得 CO_2 的利用率。从仿真结果可得，储碳设备的配置能够有效降低 P2G 成本与总成本。随着储碳设备容量的上升，P2G 设备所需购置的原料越少，P2G 成本也随之降低，而配置储碳设备后碳封存量也减少，碳封存成本随之降低，总成本也随储碳设备容量增加而下降。当储碳设备容量增大到 10 t 时，总成本的下降趋势减缓，表明此时储碳设备已能基本满足 P2G 的原料需求，继续增大储碳设备容量至 15 t 时，P2G 原料成本降为 0，P2G 设备运行时已不需再额外购买 CO_2。因此，需结合碳捕集与 P2G 协同运行的需求为系统配置相应容量的储碳设备，有效发挥碳捕集与 P2G 协同运行的经济性与环保性。

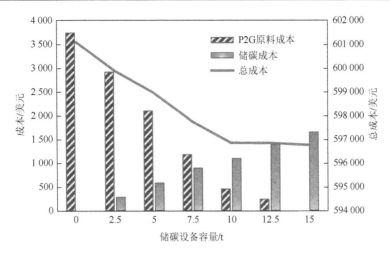

图 5-10　不同储碳设备容量下成本对比

5.5　本 章 小 结

高效协同 IEGN 多能流耦合特性，研究 IEGN 低碳经济调度为助力实现能源转型提供了新的途径。基于此，本章提出了一种计及阶梯式碳交易机制与碳捕集的电-气耦合网络低碳经济调度方法。在 IEGN 中考虑碳捕集电厂与 P2G 设备协同运行实现了碳循环利用，并提出了双向阶梯式碳交易机制引导碳减排。所提低碳经济调度方法对于充分发挥 IEGN 低碳性能，实现系统的经济运行优化具有重要意义，主要研究结论如下：

（1）在 IEGN 中采用碳捕集与 P2G 协同运行模式，通过 P2G 设备利用碳捕集所得 CO_2 为原料转换天然气实现了碳循环利用，提升了 IEGN 的风电消纳能力的同时减少了 IEGN 的碳排放，有效提升了系统的低碳经济效益，实现了 IEGN 低碳经济运行；

（2）所提的双向奖惩阶梯碳交易模型进一步引导了 IEGN 碳减排且保证了 IEGN 的经济性，对碳捕集与 P2G 协同运行的 IEGN 低碳经济性能提升具有显著的效果；

（3）IEGN 低碳经济模型对于碳交易价格的变化较为敏感，碳交易价格波动对系统成本与碳排放量均有所影响，通过选择合适碳交易价格能有效引导 IEGN 低碳经济运行；

（4）以储碳设备作为碳捕集与 P2G 的枢纽提高了碳捕集所得 CO_2 的利用率，结合碳捕集与 P2G 协同运行的需求配置储碳设备可进一步提升 IEGN 的经济性与低碳性。

参 考 文 献

[1]　周任军，肖钧文，唐夏菲，等. 电转气消纳新能源与碳捕集电厂碳利用的协调优化[J]. 电力自动化设备，2018，38（7）：61-67.

[2] 卫志农，张思德，孙国强，等. 基于碳交易机制的电-气互联综合能源系统低碳经济运行[J]. 电力系统自动化，2016，40（15）：9-16.

[3] 陈伯达，林楷东，张勇军，等. 计及碳捕集和电转气协同的电气互联系统优化调度[J]. 南方电网技术，2019，13（11）：9-17.

[4] 陈泽兴，赵振东，张勇军，等. 计及动态管存的电-气互联系统优化调度与高比例风电消纳[J]. 电力系统自动化，2019，43（9）：31-40，49.

第6章 基于低碳激励的电-气耦合网络风电消纳优化调度

碳交易机制有效提升了电-气耦合网络（IEGN）的低碳经济效益，其主要对象是面向火电厂等碳排放源。IEGN 中，电转气（P2G）设备作为关键耦合设备，其减碳效益若同样参与市场交易，则对提升 P2G 应用的经济潜力具有重要引导作用，进一步推进新能源消纳。因此，本章结合碳交易市场机制背景，提出了 P2G 参与碳交易市场的激励机制，引入弃风罚系数构建了 IEGN 低碳经济与风电消纳协同的优化调度模型，并进一步分析了天然气管网管存特性对 P2G 消纳风电的影响。

6.1 P2G 参与碳交易市场的激励机制及综合碳排放成本模型

碳排放权交易（简称碳交易）市场的目的是控制碳排放总量，手段是市场调控机制。它主要面向的对象是碳排放源，具体措施是对每个碳排放源分配一定的碳排放额度。倘若碳排放源的碳排放超出了配额，则需在市场购买超出配额；反之，若碳排放源的碳排放小于配额，则可向市场出售碳排放权获利[1]。

IEGN 中，碳排放源主要考虑为发电厂[2]。碳交易背景下，对发电厂超出配额的碳排放实行惩罚机制，则发电厂的碳排放成本 $C_{\text{TN\_C}}$ 可描述为

$$C_{\text{TN\_C}} = C_{\text{CO}_2} \sum_{t=1}^{T} \left[\sum_{u} (e_{\text{G},u} - e_{\text{I}}) P_{\text{G},u,t} \right] \tag{6-1}$$

式中，t 指调度时段；T 为调度时段总和；u 为发电厂计数变量；P_{G} 为发电厂出力；e_{G} 为单位碳排放强度；C_{CO_2} 为碳排放权价格；e_{I} 为发电厂单位发电量碳排放分配额系数，即免收碳税的碳排量。

对火电厂而言，其作为一个碳排放源，在碳交易背景下会有动力推动其进行低碳改造。P2G 设备本身不作为一个碳排放源，但从碳交易市场机制的角度看，P2G 设备本身具有减碳的功能，其吸收的碳可视为其拥有的碳排放权在市场中出售获得相应的收益。倘若该市场机制成熟，则有利于 P2G 设备降低运行成本，推动其应用。该机制相比于碳交易机制中允许光伏等新能源通过申请核证自愿减排放量，获得额外的碳排放收益[3]。

基于此，本节提出 P2G 参与碳交易市场的激励机制，当其参与碳交易市场出售其碳排放权时，则 P2G 的碳排放成本 $C_{\text{TN\_R}}$ 可建模为

$$C_{\text{TN\_R}} = C_{\text{CO}_2} \sum_{t=1}^{T} \left[\sum_{c \in \text{TR}} (-e_{\text{C},c} - e_{\text{II}}) P_{\text{TR},c,t} \right] \tag{6-2}$$

式中，下标 c 为天然气气源的计数变量；TR 为 P2G 设备的集合；P_{TR} 为 P2G 设备的电功率；e_{C} 为 P2G 设备运行消耗单位电能所需 CO_2 的系数；e_{II} 为 P2G 设备运行单位电能的碳排放额分配，由于其本身不属于碳源，故该值可设为 0。

需指出，$C_{\text{TN\_R}}$ 值一般为负值，表示出售碳排放权，并且若市场机制无法允许 P2G 参与碳交易市场，则 $C_{\text{TN\_R}}$ 为 0。本章将在算例分析中做对比分析。

综上，IEGN 的综合碳成本 C_{TN} 模型为

$$C_{\text{TN}} = C_{\text{TN\_C}} + C_{\text{TN\_R}} \tag{6-3}$$

6.2 低碳经济与风电消纳协同优化调度模型

6.2.1 目标函数

本调度模型中，目标函数综合考虑低碳经济与风电消纳的协同。其中，将低碳经济以综合碳成本描述，并计及到经济性最优的目标函数中。而风电消纳则以弃风量最小为表征。为实现两个目标的协同，以弃风罚项为协同变量，将两个目标统一描述为

$$\min(C_{\text{IN}} + C_{\text{TN}}) + \sum_{t=1}^{T} \sum_{k} C_{\text{W}} (P_{\text{Fw},k,t} - P_{\text{w},k,t}) \tag{6-4}$$

式中，C_{IN} 为调度周期的能量成本；k 为风电场的计数变量；P_{Fw} 和 P_{w} 分别为风电场预测出力和调度出力；C_{W} 为弃风罚项。理论而言，C_{W} 越大，目标函数越趋向于风电消纳变大；而 C_{W} 越小，目标函数越趋向于低碳经济成本变小。因此，利用 C_{W} 不同的取值可实现两个目标函数的协同。

对于能量成本 C_{IN}，主要指非燃气轮机机组的燃料成本、机组启停成本、常规气源的燃料成本以及 P2G 设备的 CO_2 原料成本，如式（6-5）所示。需要指出的是，燃气轮机机组的燃料成本已归结为燃气轮机的燃气耗量并在购气成本中体现，而 P2G 设备的用电成本也已归算到产电成本中。

$$C_{\text{IN}} = \sum_{t=1}^{T} \left\{ \begin{array}{l} \sum\limits_{u \notin \text{GT}} C_{\text{G},u}(P_{\text{G},u,t}) \\ + \sum\limits_{u} (C_{\text{Gon},u,t} + C_{\text{Goff},u,t}) \\ + \sum\limits_{c \notin \text{TR}} C_{\text{GAS},c} f_{\text{GS},c,t} + \sum\limits_{c \in \text{TR}} e_{\text{C},c} C_{\text{PC},c} P_{\text{TR},c,t} \end{array} \right\} \tag{6-5}$$

式中，GT 为燃气轮机机组集合；C_{PC}、C_{GAS} 分别为 P2G 设备运行所需购买的 CO_2 原料的价格系数、天然气价格系数；f_{GS} 为气源流量；$C_G(*)$、C_{Gon}、C_{Goff} 分别为机组的发电成本函数、开机成本、关机成本，表达为

$$
\begin{cases}
C_{G,u}(P_{G,u,t}) = b_{G,u,t}(C_{GD,u} + C_{GB,u}P_{G,u,t} + C_{GA,u}P_{G,u,t}^2) \\
C_{Gon,u,t} = b_{G,u,t}(1 - b_{G,u,t-1})S_{Gon,u} \\
C_{Goff,u,t} = b_{G,u,t-1}(1 - b_{G,u,t})S_{Goff,u}
\end{cases}
\tag{6-6}
$$

式中，b_G 取值 1 或 0，分别指机组处于运行或停机状态；C_{GA}、C_{GB}、C_{GD} 为燃料成本系数；S_{Gon}、S_{Goff} 分别为机组的开机、停机成本系数。

基于文献[4]的研究，并假设发电机组的成本函数为凸函数，则式（6-6）可线性化表示为

$$
\begin{cases}
C_{G,u}(P_{G,u,t}) = b_{G,u,t}C_{G,u}(P_{Gmin,u}) + \sum_{d=1}^{D_u} C_{KG,u}P_{G,u,t,d} \\
P_{G,u,t} = b_{G,u,t}P_{Gmin,u} + \sum_{d=1}^{D_u} P_{G,u,t,d} \\
0 \leq P_{G,u,t,d} \leq P_{G,u,d} - P_{G,u,d-1} \\
P_{G,u,0} = P_{Gmin,u}, P_{G,u,D_u} = P_{Gmax,u} \\
C_{Gon,u,t} = b_{Gon,u,t}S_{Gon,u} \\
C_{Goff,u,t} = b_{Goff,u,t}S_{Goff,u}
\end{cases}
\tag{6-7}
$$

式中，D_u 为发电机组成本函数分段线性化的分段总数；d 为分段序号；C_{KG} 为成本函数在分段区间上的斜率；P_{Gmax} 和 P_{Gmin} 分别为发电机组出力上限和下限；逻辑变量 b_{Gon} 和 b_{Goff} 分别代表发电机组的启动和停止的控制变量，取 1 表示启动，取 0 表示停止。

6.2.2　约束条件

1. 电网运行约束

电网的运行约束包括节点功率平衡约束、电网备用容量约束、风电出力约束、机组功率限制及爬坡约束、机组启停时间约束以及潮流约束，具体表达式如下：

$$
\sum_{u \in i} P_{G,u,t} + \sum_{k \in i} P_{w,k,t} + \sum_{j \in e(i)} P_{Fj,t} = \sum_{c \in i \cap c \in TR} P_{TR,c,t} + P_{D,i,t}
\tag{6-8}
$$

$$
\sum_u p_{Gup,u,t} \geq P_{BAKup,t}, \quad \sum_u p_{Gdw,u,t} \geq P_{BAKdw,t}
\tag{6-9}
$$

$$
P_{w,k,t} \leq P_{Fw,k,t}
\tag{6-10}
$$

$$\begin{cases} b_{\mathrm{G},u,t} P_{\mathrm{Gmin},u} \leqslant P_{\mathrm{G},u,t} \leqslant b_{\mathrm{G},u,t} P_{\mathrm{Gmax},u} \\ P_{\mathrm{G}u,t} - P_{\mathrm{G}u,t-1} \leqslant b_{\mathrm{G},u,t-1} P_{\mathrm{Gup},u} + b_{\mathrm{Gon},u,t} P_{\mathrm{Gon},u} \\ P_{\mathrm{G}u,t-1} - P_{\mathrm{G}u,t} \leqslant b_{\mathrm{G},u,t} P_{\mathrm{Gdn},u} + b_{\mathrm{Goff},u,t} P_{\mathrm{Goff},u} \\ 0 \leqslant p_{\mathrm{Gup},u,t} \leqslant \min \begin{cases} b_{\mathrm{G},u,t} P_{\mathrm{Gmax},u} - P_{\mathrm{G},u,t} \\ b_{\mathrm{G},u,t} P_{\mathrm{Gup},u} \end{cases} \\ 0 \leqslant p_{\mathrm{Gdw},u,t} \leqslant \min \begin{cases} P_{\mathrm{G},u,t} - b_{\mathrm{G},u,t} P_{\mathrm{Gmin},u} \\ b_{\mathrm{G},u,t} P_{\mathrm{Gdn},u} \end{cases} \end{cases} \tag{6-11}$$

$$\begin{cases} \displaystyle\sum_{\ell=t-T_{\mathrm{on},u}+1}^{t} b_{\mathrm{Gon},u,\ell} \leqslant b_{\mathrm{G},u,t} \qquad \forall u,t \in [T_{\mathrm{on},u}, T] \\ \displaystyle\sum_{\ell=t-T_{\mathrm{off},u}+1}^{t} b_{\mathrm{Goff},u,\ell} \leqslant 1 - b_{\mathrm{G},u,t} \qquad \forall u,t \in [T_{\mathrm{off},u}, T] \\ b_{\mathrm{G},u,t} - b_{\mathrm{G},u,t-1} = b_{\mathrm{Gon},u,t} - b_{\mathrm{Goff},u,t} \end{cases} \tag{6-12}$$

$$-P_{\mathrm{Fmax},j} \leqslant P_{\mathrm{F}j,t} \leqslant P_{\mathrm{Fmax},j} \tag{6-13}$$

式（6-8）～式（6-13）中，下标 i、j 分别为电网节点、电网支路的计数变量；$e(i)$ 为与节点 i 相连支路集合；P_{D} 和 P_{F} 分别为电网负荷和电网支路功率；p_{Gup}、p_{Gdw} 为机组的正、负旋转备用出力变量；P_{BAKup}、P_{BAKdw} 分别为系统所需的正、负旋转备用；$P_{\mathrm{Gmin}}/P_{\mathrm{Gmax}}$、$P_{\mathrm{Gup}}/P_{\mathrm{Gdn}}$、$P_{\mathrm{Gon}}/P_{\mathrm{Goff}}$ 分别为机组最小/最大出力、上行/下行调节速率、启动/停机功率限制；P_{Fmax} 为电网支路最大传输功率；T_{on}、T_{off} 分别为机组最小开机、停机时间。

2. 天然气管网运行约束

1）天然气传输的动态特性及其潮流约束

定义天然气从节点 $o_{\mathrm{I}}(m)$ 流入管道 m 并由节点 $o_{\mathrm{T}}(m)$ 流出，f_{LI} 和 f_{LT} 分别为流入和流出管道的气体流量，则管存容量 $Q_{m,t}$ 可表示为

$$Q_{m,t} = \rho_{\mathrm{A},m} \frac{\left(\pi_{n:n=o_{\mathrm{I}}(m),t} + \pi_{n:n=o_{\mathrm{T}}(m),t}\right)}{2} = Q_{m,t-1} + f_{\mathrm{LI},m,t} - f_{\mathrm{LT},m,t} \tag{6-14}$$

并且有

$$\mathrm{sign}(f_{\mathrm{L},m,t})(f_{\mathrm{L},m,t})^2 = \rho_{\mathrm{B},m} \left(\pi_{n:n=o_{\mathrm{I}}(m),t}^2 - \pi_{n:n=o_{\mathrm{T}}(m),t}^2\right) \tag{6-15}$$

$$f_{\mathrm{L},m,t} = \left(\frac{f_{\mathrm{LI},m,t} + f_{\mathrm{LT},m,t}}{2}\right) \tag{6-16}$$

上式中，下标 n 为天然气管网节点的计数变量；π 为节点压力；ρ_{A}、ρ_{B} 为与输气管道长度、管径参数相关的常数系数；$\mathrm{sign}(*)$ 为符号函数；f_{L} 为输气管道平均流量。对于变量 π 和 f_{L}，

需满足：

$$\begin{cases} \pi_{\min,n} \leqslant \pi_{n,t} \leqslant \pi_{\max,n} \\ -f_{\text{Lmax},m} \leqslant f_{\text{L},m,t} \leqslant f_{\text{Lmax},m} \end{cases} \tag{6-17}$$

式中，$\pi_{\max}$、$\pi_{\min}$ 分别为气压的上、下限；f_{Lmax} 为管道传输流量最大值。

进一步考虑任一节点 n，节点流量平衡约束为

$$\sum_{c \in n} f_{\text{GS},c,t} - \sum_{m:o_{\text{I}}(m)=n} f_{\text{LI},m,t} + \sum_{m:o_{\text{T}}(m)=n} f_{\text{LT},m,t} - \sum_{s:o_{\text{SI}}(s)=n} f_{\text{LSI},s,t} + \sum_{s:o_{\text{ST}}(s)=n} f_{\text{LST},s,t}$$
$$= \sum_{u \in n \cap u \in \text{GT}} f_{\text{GT},u,t} + f_{\text{D},n,t} \tag{6-18}$$

式中，下标 s 为压缩机的计数变量；f_{LSI}、f_{LST} 分别为流入、流出压缩机的天然气流量；$o_{\text{SI}}(s)$、$o_{\text{ST}}(s)$ 分别指第 s 台压缩机的进、出口节点；f_{GT} 和 f_{D} 分别指燃气轮机的燃料耗量和天然气负荷。

为合理利用管存特性，调度周期的始末应保持相近，为下个调度周期留足调节裕度，则有约束

$$(1 - \varepsilon_{\text{CN}}) \sum_m Q_{\text{ini},m} \leqslant \sum_m Q_{m,T} \leqslant (1 + \varepsilon_{\text{CN}}) \sum_m Q_{\text{ini},m} \tag{6-19}$$

式中，ε_{CN} 为管存容量控制裕度，一般取较小值，如 5%；Q_{ini} 为初始管存容量。

2）天然气气源及压缩机的运行约束

天然气管网中，天然气气源的出力（包括 P2G 气源）和压缩机需满足流量限制、最大压缩比约束，具体表示如下：

$$\begin{cases} f_{\text{GSmin},c} \leqslant f_{\text{GS},c,t} \leqslant f_{\text{GSmax},c} \\ 1 \leqslant \dfrac{\pi_{n:n=o_{\text{ST}}(s),t}}{\pi_{n:n=o_{\text{SI}}(s),t}} \leqslant \Gamma_s \end{cases} \tag{6-20}$$

式中，f_{GSmin} 和 f_{GSmax} 分别为天然气气源出力最小值和最大值；Γ_s 为最大压缩比。

3. 电网和天然气管网耦合设备的功率交换约束

电网和天然气管网耦合设备主要包括燃气轮机和电转气设备，两者功率转换关系需满足：

$$\begin{cases} f_{\text{GT},u,t} = \zeta_{\text{GT},u} P_{\text{G},u,t} & u \in \text{GT} \\ f_{\text{GS},c,t} = \zeta_{\text{TR},c} P_{\text{TR},c,t} & c \in \text{TR} \end{cases} \tag{6-21}$$

式中，ζ_{GT} 和 ζ_{TR} 分别指燃气轮机和 P2G 设备的电能-天然气转换系数。

6.2.3　模型求解

以上所建立的调度模型为混合整数非线性规划模型。定义向量 $\boldsymbol{X}$ 为调度模型所涉及的变量，包括了连续变量 $\boldsymbol{X}_{\mathrm{CT}}$ 和逻辑变量 $\boldsymbol{X}_{\mathrm{BI}}$。结合调度模型的特点，可将调度模型表示为如下紧凑形式：

$$\begin{cases} \min \ \boldsymbol{CX} \\ \text{s.t.} \ \ \boldsymbol{A}_1\boldsymbol{X} - \boldsymbol{b}_1 \leqslant 0 \\ \qquad \boldsymbol{A}_2\boldsymbol{X} - \boldsymbol{b}_2 = 0 \\ \qquad \boldsymbol{H}_{\mathrm{nolinear}}(\boldsymbol{X}_{\mathrm{CT}}) = 0 \\ \qquad \boldsymbol{X} = [\boldsymbol{X}_{\mathrm{CT}}, \boldsymbol{X}_{\mathrm{BI}}]^{\mathrm{T}} \in \Theta \end{cases} \tag{6-22}$$

由于式（6-4）的目标函数经过式（6-5）～式（6-7）描述后转换为线性表达式。故在式（6-22）中，用线性表达式 $\boldsymbol{CX}$ 做抽象表达；$\boldsymbol{C}$ 为常系数向量。调度模型中的约束条件包含了式（6-8）～式（6-21）。除式（6-15）为非线性约束外，其余均为线性约束。对于线性约束，包含了不等式约束和等式约束，故分别用 $\boldsymbol{A}_1\boldsymbol{X} - \boldsymbol{b}_1 \leqslant 0$ 和 $\boldsymbol{A}_2\boldsymbol{X} - \boldsymbol{b}_2 = 0$ 做抽象表达，其中，$\boldsymbol{A}_1$、$\boldsymbol{A}_2$ 为线性约束系数矩阵，$\boldsymbol{b}_1$、$\boldsymbol{b}_2$ 为线性约束的常系数向量。Θ 为变量 $\boldsymbol{X}$ 所属的可行域。另外，对于式（6-15）的非线性约束，由于该约束仅含连续变量，且为等式约束，故用 $\boldsymbol{H}_{\mathrm{nolinear}}(\boldsymbol{X}_{\mathrm{CT}}) = 0$ 做抽象表达。从该紧凑模型可看出，该模型仍可用第 4 章所提的阻尼逐次线性化法进行求解。

6.3　算 例 分 析

算例采用 IEEE-39 节点电网和 GAS-20 节点天然气管网构成的 IEGN 进行仿真，共含 10 台发电机组（3 台燃气轮机机组、3 个风电场和 4 台燃煤机组）、4 个常规气源和 2 个 P2G 气源。

6.3.1　管存特性对 P2G 设备风电消纳影响

取碳排放权价格 C_{CO_2} 为 40 美元/t，暂不考虑 P2G 设备参与碳交易市场，且目标函数仅考虑经济最优，即弃风罚系数为 0。分析不同碳原料成本以及是否考虑管存特性下对 P2G 设备日总出力及弃风率的影响，结果如图 6-1 所示。

由图 6-1 可知，不管模型是否计及天然气管网管存特性，随着碳原料成本的增加，P2G 设备日总出力将下降，随之弃风率将升高。其主要原因是尽管 P2G 设备可以将边际发电成本为 0 的风电转为天然气从而提高风电消纳能力，但 P2G 设备在合成天然气过程

中需要 CO_2 作为原材料,当碳原料成本过高时会使得 P2G 气源相对其他供气源不具备经济性,将使得 P2G 设备停止运行而限制了其消纳风电的能力。

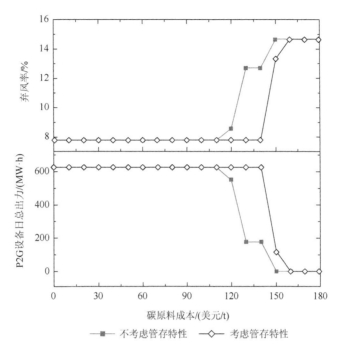

图 6-1　不同碳原料成本下 P2G 设备日总出力及弃风率变化

此外,相比不考虑天然气管网管存特性,考虑管存特性时 P2G 设备调度能力有所提升。具体而言,该算例当不考虑管存特性时,P2G 设备调度出力在碳原料成本达 110 美元/t 时开始下降,而在 150 美元/t 达到经济调度阈值(即 P2G 设备不出力);当考虑管存特性时,P2G 设备调度出力在碳原料成本达 140 美元/t 时才开始下降,而在约 160 美元/t 达到经济调度阈值。其主要原因是天然气管道具有存储的特性,尽管碳原料成本增加,还是可以将 P2G 设备合成的天然气利用存储到管道待气源边际成本更高的时候使用,提高了 P2G 设备的调度能力。

取碳原料成本为 130 美元/t 为例进一步说明。图 6-2 给出了碳原料成本为 130 美元/t 时,考虑管存特性与否时不同气源的调度出力和系统碳排放情况。考虑管存特性时,经济成本目标函数下降了 2430 美元。

算例中,气源 1、气源 2、气源 3、气源 4 的边际成本分别为 0.25 美元/m^3、0.23 美元/m^3、0.30 美元/m^3、0.21 美元/m^3。对 P2G 气源,若仅考虑其耗电成本,通过燃煤/燃气供给 P2G 设备产气相对其他气源成本高。因此 P2G 气源在风电富裕的时候,消纳零边际成本的风电具有经济优势。而当碳原料成本为 130 美元/t 时,消纳风电的 P2G 气源的边际成本约为 0.26 美元/m³。气源调度中调度 P2G 气源与否与风电是否过剩、天然气管网负荷水平、其他气源价格/容量相关。

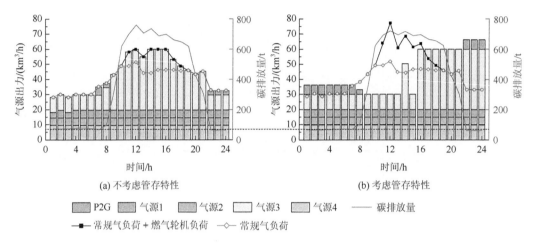

图 6-2　不同气源/燃气轮机的出力和碳排放对比（后附彩图）

如图 6-2（a）所示，当不考虑管存特性时，天然气管网中源-荷实时平衡。在风电过剩、气源最小出力约束满足（气源 3 虽然边际成本最高，但其有 10 km³/h 的最小出力约束）、边际成本低过 0.26 美元/m³ 气源出力达到限值时，才考虑进一步调度 P2G 气源和其他气源（比如 7～8 h，22～24 h）。并且，从图中黑色点实线可知，燃气轮机主要在电网负荷较高的时候（11～18 h）出力。燃气轮机由于成本相对较高，故在需求较大时才分配到出力。

相比之下，考虑管存特性时［图 6-2（b）］，由于管存特性的存在，天然气管网的源-荷无须实时平衡。因此，在气负荷相对较低时（如 1～6 h）可以充分吸收较低价格的气源，包括 P2G 气源，存储于天然气管网中。而在气负荷较高且气边际成本较高时，可减少高价气源的购买。由于较低成本气源购买的积累，使得电负荷高峰时采用燃气轮机发电更具有竞争力，燃气轮机发电量增多。而考虑管存特性下调度时段后期气源出力增大主要是为了满足天然气管网管存容量平衡约束。

此外，从碳排放量看，考虑管存特性后提升了 P2G 设备的运行空间，在推进 P2G 设备出力的同时也降低了碳排放（如 1～6 h、22～24 h），这是 P2G 设备具有碳吸收能力的结果，并且在 11～18 h 燃气轮机出力的增多也使得碳排放有所降低。

上述仿真表明，IEGN 调度中考虑 P2G 碳原料成本及天然气管网管存特性具有必要性。当 P2G 碳原料成本较高时会影响运行经济性进而降低 P2G 应用空间。而天然气管网固有的管存特性可提升 P2G 设备运行调度能力，提升风电消纳能力促进低碳运行。

6.3.2　碳交易激励对 P2G 设备运行及系统调度的影响

为进一步分析 P2G 设备参与碳交易市场对其运行及系统调度的影响,在 6.3.1 节的分析基础上,考虑管存特性,并取碳原料成本较高（180 美元/t）时,分析碳排放权价格 $C_{\mathrm{CO_2}}$ 不同时,P2G 设备参与碳交易市场后其出力及系统调度运行情况,如图 6-3 所示。

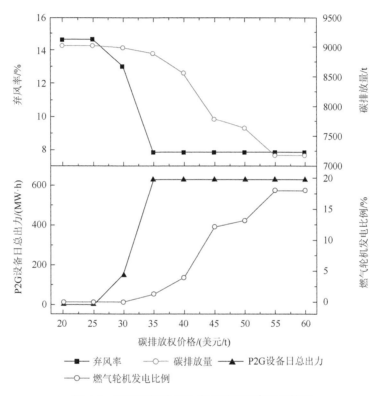

图 6-3　不同碳排放权价格下系统调度运行情况

由图 6-3 可知,即使 P2G 碳原料成本较高,若考虑 P2G 设备参与碳交易市场获得收益,随着碳排放权价格的提升,P2G 设备运行出力空间逐渐增大,并进一步挖掘系统的风电消纳和低碳运行能力。实际上,考虑 P2G 设备参与碳交易市场获得收益相对于抵消了部分的碳原料成本。例如当 $C_{\mathrm{CO_2}}$ 为 40 美元/t 时,实际上对 P2G 来说可相对于将碳原料成本从 180 美元/t 下降到了 140 美元/t。该情况下 P2G 设备日总出力、弃风率、碳排放量及燃气轮机发电比例与 6.3.1 节中碳原料成本取 140 美元/t 的仿真结果相同,即获得了验证。

此外,随着 $C_{\mathrm{CO_2}}$ 的增加,由于燃气轮机机组比燃煤机组的低碳效益高,使得燃气轮机机组在经济调度中更具竞争力,进而增大了燃气轮机机组的发电比例,也推动了碳排放量的降低。

上述仿真表明碳交易市场的引入，从经济手段出发可挖掘系统清洁低碳能力。特别是在碳原料成本比较高时，对 P2G 设备参与碳交易提供补偿机制有利于提升 P2G 应用的经济潜力，进一步提高风电消纳能力。

6.3.3　弃风罚系数的两目标协同特征分析

以上仿真分析中，目标函数以经济性为导向，即弃风罚系数设置为 0，并且可知 P2G 设备在碳原料成本过高时，为满足经济性最优的条件，风电消纳能力下降。为协同风电消纳与系统运行经济性这两个目标，本节提出以弃风罚系数作为两个目标的协同参量。仍以 6.3.1 节作为基础算例，考虑管存特性，取碳原料成本为 180 美元/t，分析弃风罚系数不同时，系统调度经济性与弃风率之间的关系，如图 6-4 所示。

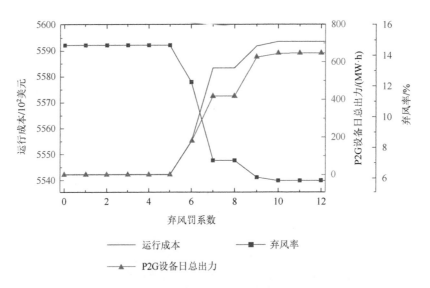

图 6-4　不同弃风罚系数下系统运行成本与风电消纳关系

由图 6-4 可知，随着弃风罚系数的增加，当越过一定阈值后（如本算例约为 5），运行成本增加速度、弃风率下降速度先有一段加快的过程，后较为缓和。主要原因是弃风罚系数增大后，调度目标趋向于风电最大消纳，尽管此时 P2G 碳原料成本较高，但为保证风电消纳最大优先，会增大了 P2G 设备的运行能力从而使得弃风率有所减少而牺牲了系统运行的经济性。当弃风罚系数增加到一定程度，系统风电消纳能力达到限值。

据此，利用弃风罚系数作为参变量可协调系统运行经济性和风电消纳这两个存在一定矛盾关系的目标。而运行调度人员可根据运行成本与弃风率两条曲线的特征变化关系，选择适宜的弃风罚系数，满足调度者自身对经济性和风电消纳两者协同的要求。

6.4　本　章　小　结

面向可再生能源不断渗透及碳交易市场快速发展的背景，以电转气技术为技术手段，IEGN 为能源承载，重点针对考虑 P2G 碳原料成本、天然气管网管存特性后对 IEGN 低碳经济调度和风电消纳的影响展开了研究，主要结论如下：

（1）随着碳原料成本的增加，P2G 调度成本增加将降低 P2G 的运行空间。提出了 P2G 设备参与碳交易市场的补偿机制，有利于提高 P2G 应用的经济潜力，促进风电消纳和减碳能力提升。

（2）考虑天然气管网固有的管存特性，有助于充分调动 P2G 的运行潜力，亦可提升过剩风电消纳及低碳效益。

（3）以弃风罚系数协同低碳经济成本和风电消纳能力具有可行性。调度人员可根据运行成本与弃风率曲线变化特征关系，选择合适的弃风罚系数满足自身调度需求。

参 考 文 献

[1]　卫志农，张思德，孙国强，等. 基于碳交易机制的电-气互联综合能源系统低碳经济运行[J]. 电力系统自动化，2016，40（15）：9-16.

[2]　陈伯达，林楷东，张勇军，等. 计及碳捕集和电转气协同的电气互联系统优化调度[J]. 南方电网技术，2019，13（11）：9-17.

[3]　林楷东，陈泽兴，张勇军，等. 含 P2G 的电-气互联网络风电消纳与逐次线性低碳经济调度[J]. 电力系统自动化，2019，43（21）：23-33.

[4]　邓俊，韦化，黎静华，等. 一种含四类 0-1 变量的机组组合混合整数线性规划模型[J]. 中国电机工程学报，2015，35（11）：2770-2778.

第7章 基于高比例风电消纳的电-气耦合网络分布式协同优化调度

面向新能源快速发展的背景，本章进一步围绕高比例风电出力不确定问题，探究高比例风电渗透下基于 IEGN 提升风电消纳的机理与特性。研究过程中聚焦以下三大热点问题：①基于耦合网络的新技术［以电转气（P2G）技术为代表］，提升高比例的风电消纳能力并应对其所带来的不确定功率波动问题；②风电的不确定功率波动在 IEGN 运行时的传导问题；③解决 IEGN 在协同运行优化过程中存在的信息隐私及壁垒问题。

7.1 基于区间估计的风电并网不确定性模型

7.1.1 风电并网功率比例因子

现有研究对风电功率不确定性的处理主要采用两种方法。一种是将风电的输出功率表示为随机变量并体现在调度模型中，通过随机机会约束规划、蒙特卡罗抽样、场景法等方法对随机变量进行处理。该方法不考虑弃风的情况，风电渗透率高时可能造成源-荷无法匹配而致使调度模型无解[1]；另一种则是将风电调度出力作为决策变量，而对风电的不确定性考虑则为高估/低估风电出力风险[2]，该方法中高估/低估风电出力建立在对整个风电场预测出力的基础上，无法准确评估接入系统这部分风电的不确定性对系统带来的影响。

基于此，在传统风电功率计算模型的基础上，引入风电并网功率比例因子，用以反映风电不确定程度与并网功率的相关性。具体地，对于接入 IEGN 的风电功率，其并网功率一方面取决于接入 IEGN 的风电容量，另一方面则受到自然条件（主要指风速）的制约。对于任一并网的风电场 k，任一时刻 t，其并网功率 $P_{\mathrm{w},k,t}$ 可以表示为

$$P_{\mathrm{w},k,t} = f_{\mathrm{w}}(v_{k,t}, P_{\mathrm{RWin},k,t}) \tag{7-1}$$

式中，下标 k 和 t 分别指第 k 个风电场和第 t 个调度时段；P_{RWin} 指接入 IEGN 的风电容量；v 为风速大小，一般表示为随机变量；$f_{\mathrm{w}}(*)$ 为 P_{w} 与 v、P_{RWin} 之间的函数关系式。该函数关系式可以表示为

$$P_{\mathrm{w},k,t}=\begin{cases}0 & v_{k,t}<v_{\mathrm{ci}}\\ P_{\mathrm{RWin},k,t}\ \dfrac{v_{k,t}-v_{\mathrm{ci}}}{v_{\mathrm{r}}-v_{\mathrm{ci}}} & v_{\mathrm{ci}}\leqslant v_{k,t}<v_{\mathrm{r}}\\ P_{\mathrm{RWin},k,t} & v_{\mathrm{r}}\leqslant v_{k,t}\leqslant v_{\mathrm{co}}\\ 0 & v_{k,t}>v_{\mathrm{co}}\end{cases}\qquad(7\text{-}2)$$

式中，v_{ci}、v_{co} 和 v_{r} 分别为切入、切出和额定风速。受 IEGN 调节能力限制，风电接入 IEGN 的容量 P_{RWin} 并非一个固定量，而取决于系统调度结果。据此，提出风电并网功率比例因子 κ 来反映风电接入 IEGN 容量占其装机容量的比例，表达式为

$$P_{\mathrm{RWin},k,t}=\kappa_{k,t}P_{\mathrm{RW},k}\qquad(7\text{-}3)$$

式中，P_{RW} 为风电场的装机容量。κ 既是风电并网功率比例因子，$\kappa\in[0,1]$，也是决策变量，由调度结果而定。将式（7-3）代入式（7-1）和式（7-2）中，则风电场并网功率可以表示为 κ 和 v 的函数关系式，即

$$P_{\mathrm{w},k,t}(v_{k,t},\kappa_{k,t})=f_{\mathrm{w}}(v_{k,t},\kappa_{k,t}P_{\mathrm{RW},k})=\begin{cases}0 & v_{k,t}<v_{\mathrm{ci}}\\ \kappa_{k,t}P_{\mathrm{RW},k}\ \dfrac{v_{k,t}-v_{\mathrm{ci}}}{v_{\mathrm{r}}-v_{\mathrm{ci}}} & v_{\mathrm{ci}}\leqslant v_{k,t}<v_{\mathrm{r}}\\ \kappa_{k,t}P_{\mathrm{RW},k} & v_{\mathrm{r}}\leqslant v_{k,t}\leqslant v_{\mathrm{co}}\\ 0 & v_{k,t}>v_{\mathrm{co}}\end{cases}\qquad(7\text{-}4)$$

图 7-1 表示该建模方法的示意图，给出了不同 κ 值下的风电功率期望值（图中实线）以及置信水平为 0.9 时风电功率的波动区间（图中虚线）。

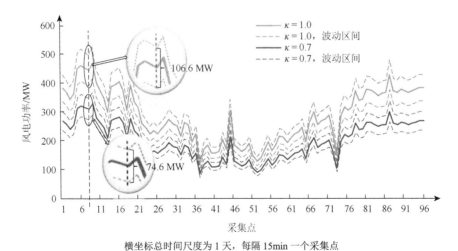

横坐标总时间尺度为 1 天，每隔 15min 一个采集点

图 7-1　风电功率期望值及波动区间（后附彩图）

可见，在同一置信水平下，κ 值越大，风电功率的取值范围也越大，因此 κ 值可以反映风电不确定程度与风电并网功率的正相关特性。

7.1.2　基于区间估计的风电并网功率极限误差场景

风电功率预测区间是确定性预测的延伸，它既能给出确定的风电功率预测值，又能估计出该预测值的波动区间。运行调度者可以根据经济性和可靠性的要求，灵活选择一定的置信水平确定风电功率预测区间，进行调度决策。因此这里将其纳入风电并网调度模型中，从而更好地考虑风电的随机性。

由式（7-4）知，风电功率出力的随机性主要来源于风速预测的不确定性。假定风速预测误差为服从正态分布的随机变量，基于区间估计的思想，在给定的置信水平 β 下风速预测的误差区间需满足：

$$\mathcal{P}\left[\underline{\Delta v_{k,t(\beta)}} \leqslant \Delta v_{k,t} \leqslant \overline{\Delta v_{k,t(\beta)}}\right] = \beta \tag{7-5}$$

式中，$\mathcal{P}(*)$ 为事件*的概率；Δv 为风速预测误差；$\underline{\Delta v_{k,t(\beta)}}$ 和 $\overline{\Delta v_{k,t(\beta)}}$ 分别为置信水平 β 下的风速预测误差的下限值和上限值。

假设风速预测误差概率分布的累积密度函数为 F_w，则式（7-5）可进一步写为

$$\mathcal{P}\left[\underline{\Delta v_{k,t(\beta)}} \leqslant \Delta v_{k,t} \leqslant \overline{\Delta v_{k,t(\beta)}}\right] = F_w\left[\overline{\Delta v_{k,t(\beta)}}\right] - F_w\left[\underline{\Delta v_{k,t(\beta)}}\right] = \beta \tag{7-6}$$

基于式（7-6），对置信水平 β 下风速预测误差的下限值和上限值求解，可以等价为求解以下优化问题：

$$\begin{cases} \min & \overline{\Delta v_{k,t(\beta)}} - \underline{\Delta v_{k,t(\beta)}} \\ \text{s.t.} & \begin{cases} F_w\left[\overline{\Delta v_{k,t(\beta)}}\right] - F_w\left[\underline{\Delta v_{k,t(\beta)}}\right] = \beta \\ F_w\left[\overline{\Delta v_{k,t(\beta)}}\right], F_w\left[\underline{\Delta v_{k,t(\beta)}}\right] \in [0,1] \end{cases} \end{cases} \tag{7-7}$$

综上可得，置信水平 β 下风速预测区间为 $\left[v_{k,t(\text{ep})} + \underline{\Delta v_{k,t(\beta)}}, v_{k,t(\text{ep})} + \overline{\Delta v_{k,t(\beta)}}\right]$。其中，$v_{k,t(\text{ep})}$ 为风速预测的期望值。

进一步地，将风速预测区间代入式（7-4），同时借助场景法，用变量 w 表示风电功率不同场景，其中 w 取 0、1 和 2，分别表示期望场景、置信水平 β 下的最大正误差场景和置信水平 β 下的最大负误差场景。则有

$$P_{w,k,t,w} = \begin{cases} f_w\left[v_{k,t(\text{ep})}, \kappa_{k,t} P_{\text{RW},k}\right] & w=0 \\ f_w\left[v_{k,t(\text{ep})} + \overline{\Delta v_{k,t(\beta)}}, \kappa_{k,t} P_{\text{RW},k}\right] & w=1 \\ f_w\left[v_{k,t(\text{ep})} + \underline{\Delta v_{k,t(\beta)}}, \kappa_{k,t} P_{\text{RW},k}\right] & w=2 \end{cases} \tag{7-8}$$

对 IEGN 日前调度而言，其主要基于风电、负荷等的预测期望值安排机组出力。式（7-8）通过最大正、负误差场景，即极限误差场景的确定反映了 IEGN 为应对风电不确

定性所需的正、负旋转备用。由式（7-8）可知，随着风电渗透水平的升高（P_{RW} 增加），置信水平 β 的提升，会拉大最大正、负误差场景之间的功率范围。此时，为应对风电的不确定性系统需留有更大的备用。而当系统备用容量受限时，可通过 κ 的调整来合理确定并网容量。

此外，结合所提出的含风电并网功率比例因子的风电功率计算模型，IEGN 弃风率指标 $EV_{wind-abn}$ 计算如下（变量 T 表示调度总时段）：

$$EV_{wind-abn} = \frac{\sum\limits_{t=1}^{T}\sum\limits_{k} f_w[v_{k,t(ep)},(1-\kappa_{k,t})P_{RW,k}]}{\sum\limits_{t=1}^{T}\sum\limits_{k} f_w[v_{k,t(ep)},P_{RW,k}]} \tag{7-9}$$

7.2　P2G 提升风电消纳能力的技术特性及影响因素机理分析

7.2.1　P2G 技术特性及机理分析前提假设

风电具有反调峰特性，其夜间多发的特点造成了在夜间低负荷时为保证系统功率平衡而可能存在弃风现象。IEGN 中的耦合设备 P2G 为解决风电消纳能力不足提供了新的途径。其技术特性为风电富余时，P2G 技术可将零边际成本的风电通过电解水制氢再转化为天然气，并注入到天然气管网中，利用现有天然气管网实现能量的大规模、长时间存储。同时，P2G 也为天然气的供应提供了新渠道，增强了耦合网络的整体效益。

面向 IEGN 日前调度问题，重点考虑 P2G 设备的外特性建模，主要表征为 P2G 设备的出力约束。其一方面受到自身容量约束，模型如第 2 章的式（2-2），另一方面则受到天然气管网运行的约束。在本节机理分析中，该约束可简化为式（7-11）。

$$0 \leqslant P_{TR,c,t} \leqslant P_{TRmax,c} \qquad c \in TR \tag{7-10}$$

$$\begin{cases} 0 \leqslant f_{G,c,t} \leqslant f_{TRC,c} \\ f_{G,c,t} = \dfrac{\eta_{TR,c}P_{TR,c,t}}{LHV} \end{cases} \qquad c \in TR \tag{7-11}$$

式（7-10）和式（7-11）中，变量 t、c、f_G、LHV 分别指调度时段、天然气气源计数变量、天然气气源出力、天然气热值；TR 为 P2G 设备集合；P_{TR} 和 P_{TRmax} 分别为 P2G 设备的运行功率和额定容量；η_{TR} 为 P2G 设备的转换效率；f_{TRC} 用于简化表征天然气管网约束下 P2G 设备最大注入天然气管网的流量。

为进一步分析影响 P2G 技术提升风电消纳能力的因素，进行以下分析：①忽略电网的网络阻塞，认为网络有足够功率传输能力；②关注夜间低负荷、高风电时段，这主要由风电的反调峰特性决定的；③从电网功率平衡方程及应对风电不确定性的备用容量角度，在既定的风电装机容量和负荷下，推导 P2G 设备出力与风电消纳能力的相关性以及所涉及的影响因素。

7.2.2　P2G 提升风电消纳能力影响因素分析

考虑日前调度机组的期望出力安排，对于含 P2G 设备、风电场、常规发电机组的电网功率平衡方程期望场景可以表示为

$$\sum_u P_{G,u,t} + \sum_k P_{w,k,t,0} = \sum_{c \in \text{TR}} P_{\text{TR},c,t} + P_{D,t,0} \tag{7-12}$$

式中，$P_{w,k,t,0}$ 同式（7-8），表示风电并网功率期望值；$P_{D,t,0}$ 为电负荷期望值；变量 u 和 P_G 分别指常规发电机组的计数变量和出力。由于常规机组出力的限制（包括最大出力限制和爬坡速率限制），式（7-12）可放缩为

$$\sum_k P_{w,k,t,0} \leqslant A = \sum_{c \in \text{TR}} P_{\text{TR},c,t} + P_{D,t,0} - \sum_u P_{G,u,t}^{N} \tag{7-13}$$

式中，A 为辅助变量；P_G^N 为考虑常规机组爬坡约束后的机组可出力值，满足：

$$P_{G,u,t}^{N} = \max[P_{G,u,t} - P_{\text{Gdn},u}, P_{\text{Gmin},u}] \tag{7-14}$$

式中，P_{Gmin} 和 P_{Gdn} 分别为常规机组的向下功率调整限值和机组最小出力。进一步考虑到夜间低负荷、高风电时段，机组需提供所需下行旋转备用约束用以应对风电、负荷等不确定因素。则 P_G^N 还需满足的约束为

$$\sum_u \left(P_{G,u,t} - P_{G,u,t}^{N} \right) \geqslant P_{\text{C-},t} + S_{\text{W-},t} \tag{7-15}$$

式中，$P_{\text{C-}}$、$S_{\text{W-}}$ 分别为应对电负荷预测误差、风电预测误差所需的负旋转备用。进一步，将式（7-12）代入式（7-15）并消去变量 $P_{G,u,t}$，可得

$$\sum_k P_{w,k,t,0} \leqslant B = \sum_{c \in \text{TR}} P_{\text{TR},c,t} + P_{D,t,0} - \sum_u P_{G,u,t}^{N} - P_{\text{C-},t} - S_{\text{W-},t} \tag{7-16}$$

式中，B 为辅助变量。对比式（7-13）和式（7-16）可知，由于 $P_{\text{C-}}$、$S_{\text{W-}}$ 非负，故 $B \leqslant A$。并可推得，对于任意时刻 t，最大风电消纳量 MP_t 为

$$\text{MP}_t = \max \left(\sum_k P_{w,k,t,0} \right) = \min \left[A, B, \left(\sum_k P_{w,k,t,0} | \kappa_{k,t} = 1 \right) \right] \tag{7-17}$$

考虑低负荷，风能富余的时刻，此时一般有

$$\left(\sum_k P_{w,k,t,0} | \kappa_{k,t} = 1 \right) > \max[A, B] \tag{7-18}$$

这种情况下，可推得最大风电消纳量 MP_t 的等价为 B。以下对 B 进一步分析。

表达式（7-16）中 $S_{\text{W-},t}$ 为应对风电预测误差所需的负旋转备用，结合 7.1.2 节所提的

风电并网功率极限场景，$S_{W-,t}$ 至少应为风电最大正误差场景与期望场景之间的差值。即

$$S_{W-,t} \geq \sum_k P_{w,k,t,1} - \sum_k P_{w,k,t,0} \qquad (7\text{-}19)$$

对式（7-4）、式（7-8）进行变形，将 $P_{w,k,t,0}$、$P_{w,k,t,1}$ 所含变量 κ 提取出来，以 κ 来表示风电并网容量的大小，则式（7-19）可进一步描述为

$$S_{W-,t} \geq \kappa_{k,t}\left(\sum_k P_{w,k,t,1}\Big|\kappa_{k,t}=1\right) - \kappa_{k,t}\left(\sum_k P_{w,k,t,0}\Big|\kappa_{k,t}=1\right)$$
$$= \kappa_{k,t}\left\{f_w\left[v_{k,t(ep)} + \overline{\Delta v_{k,t(\beta)}}, P_{RW,k}\right] - f_w\left[v_{k,t(ep)}, P_{RW,k}\right]\right\} \qquad (7\text{-}20)$$

同理，对式（7-16）变量 $P_{w,k,t,0}$ 进行处理，并将式（7-20）代入，则式（7-16）可变形为

$$\kappa_{k,t} \leq C = \frac{1}{f_w\left[v_{k,t(ep)} + \overline{\Delta v_{k,t(\beta)}}, P_{RW,k}\right]}\sum_{c\in TR} P_{TR,c,t} + \frac{P_{D,t,0} - \sum_u P_{G,u,t}^N - P_{C-,t}}{f_w\left[v_{k,t(ep)} + \overline{\Delta v_{k,t(\beta)}}, P_{RW,k}\right]} \qquad (7\text{-}21)$$

考虑极端情况，令 P_G^N 取最小值 P_{Gmin}，定义变量 MK_t 为 t 时刻最大风电消纳比例，则由式（7-21）可推得 MK_t 为

$$MK_t = \max(\kappa_{k,t}) = \frac{1}{f_w\left[v_{k,t(ep)} + \overline{\Delta v_{k,t(\beta)}}, P_{RW,k}\right]}\sum_{c\in TR} P_{TR,c,t} + \frac{P_{D,t,0} - \sum_u P_{Gmin,u} - P_{C-,t}}{f_w\left[v_{k,t(ep)} + \overline{\Delta v_{k,t(\beta)}}, P_{RW,k}\right]} \qquad (7\text{-}22)$$

式（7-22）描述了最大风电消纳比例与 P2G 设备出力之间的函数关系。当不装设 P2G 设备时，式（7-22）加号右端项表征系统固有的最大风电消纳能力。而当装设 P2G 设备后，最大风电消纳比例增加了式（7-22）加号左端项，即风电消纳能力有所提升，并且 P2G 设备出力越多，风电消纳能力提升越多，但提升的能力受到与 P2G 设备出力相乘的系数影响。在风电装机容量一定的情况下，影响该系数值主要为风电不确定程度置信水平 β。图 7-2 给出了不同 β 下 MK_t 与 P2G 设备出力相关性的示意图。

图 7-2 中，自变量 $\sum_b P_{TRb,t}$ 的取值范围为 $[0, \sum_{c\in TR} P_{TR,c,t}^M]$。$\sum_{c\in TR} P_{TR,c,t}^M$ 指 P2G 设备的最大可能出力，由约束式（7-10）和式（7-11）决定，即有

$$\sum_{c\in TR} P_{TR,c,t}^M = \min\left(P_{TRmax,c,t}, \frac{f_{TRC,c,t} \times LHV}{\eta_{TR,c}}\right) \qquad c \in TR \qquad (7\text{-}23)$$

当天然气管网约束变紧，即使得 $P_{TRmax,c,t} > (f_{TRC,c,t} \times LHV)/\eta_{TR,c}$ 时，天然气管网约束对 P2G 设备出力限制起作用。随着天然气管网约束加紧，即 $f_{TRC,c,t}$ 变小，将导致风电消纳能力的降低。此外，置信水平 β 也可以用来反映风电的不确定程度，在同一概率密度函数下，提升对风电预测的置信水平的同时也增大了风电的不确定程度。由图 7-2 可知，在 P2G 设备同一出力水平下，随着 β 的增加，P2G 设备对提升风电消纳的能力有所降低。

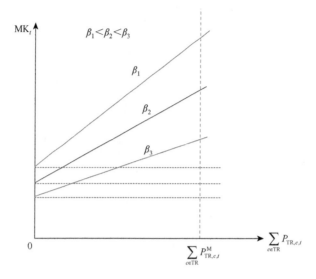

图 7-2　最大风电消纳比例与电转气设备出力关系图

综上分析，P2G 设备出力与风电消纳能力的相关性及其影响因素可总结如下：

（1）P2G 设备可提升系统固有的风电消纳能力，但该能力受到天然气管网约束的制约。一旦天然气管网约束制约 P2G 设备注入节点天然气的流量，P2G 设备运行能力受限而导致风电消纳能力降低。

（2）在同等 P2G 设备运行工况下，随着风电不确定程度的增大，系统消纳风电能力将降低。

7.3　高比例风电的电-气耦合网络优化调度模型

面向高比例风电接入的场景，调度方案中一方面需解决高比例风电消纳问题，另一方面则需解决风电不确定性对系统带来的影响。对于前者，结合 7.2 节所述，引入 P2G 技术，并通过 P2G 技术和天然气管网的管存特性为高比例风电消纳提供新的途径。对于后者主要着眼于风电建模及其出力不确定性的处理，在 7.1 节中引入了风电并网功率比例因子，并基于区间估计定义了风电并网功率的极限误差场景。进一步地，基于文献[3]的研究成果，通过构建风电预测场景及最大正、负误差场景间的机组出力的转移约束，保证风电在预测区间波动时 IEGN 内各调节机组有足够上、下调整空间，从而将考虑风电接入带来的不确定性转化为确定性优化问题。

由于 IEGN 内电、气负荷亦存在预测误差，对于其不确定性同样可通过构建极限误差场景将其转化为确定性优化问题。综上，构建高比例风电接入下的 IEGN 优化调度模型如下所示。

7.3.1　目标函数

以 IEGN 在调度周期内（考虑为 1 天，等分为 24 个时段）外购能源费用最小，包括日前外购能源的期望能量成本及极限误差场景下的外购能源调整成本（该部分类似于备用容量费用）。表达如下：

$$\min \quad C_{\mathrm{IN}} + C_{\mathrm{EA}} + C_{\mathrm{GA}} \tag{7-24}$$

式中，C_{IN} 为 IEGN 日前期望能量成本，表达式同式（4-9），其可拆分为含电网变量的表达式 C_{INE} 和含天然气管网变量的表达式 C_{ING}，如式（7-25）；C_{EA}、C_{GA} 分别为极限误差场景下电网、天然气管网的外购能源调整成本，表达为式（7-26）。

$$\begin{cases} C_{\mathrm{IN}} = C_{\mathrm{INE}} + C_{\mathrm{ING}} \\ C_{\mathrm{INE}} = \sum_{t=1}^{T} \left[\sum_{u \notin \mathrm{GT}} C_{\mathrm{G},u}(P_{\mathrm{G},u,t}) + \sum_{u} (C_{\mathrm{Gon},u,t} + CD_{\mathrm{Goff},u,t}) \right] \\ C_{\mathrm{ING}} = \sum_{t=1}^{T} \sum_{c \notin \mathrm{TR}} C_{\mathrm{GAS},c} f_{\mathrm{G},c,t} \end{cases} \tag{7-25}$$

式中，变量 t、u、c、T、P_{G}、f_{G}、集合 TR 指代量同 7.1 节和 7.2 节所述。集合 GT 沿用前述定义，指代燃气轮机集合。Ω_{A} 为平衡发电机组的集合，表示为应对系统不确定因素而参与实时功率平衡调节的发电机组。而 Ω_{B} 指的是参与天然气流量平衡调节的气源的集合。$C_{\mathrm{G}}(*)$、C_{Gon}、C_{Goff}、C_{GAS} 定义同式（4-9），并且式（7-25）中第二式子关于发电机组的燃料成本、启停成本具体表达同式（4-10）。本章模型中，燃料成本函数保留二次函数形式，而启、停成本线性化同式（4-11）。

$$\begin{cases} C_{\mathrm{EA}} = \sum_{t=1}^{T} \sum_{u \in \Omega_{\mathrm{A}}} \sum_{w} C_{\mathrm{EA\_BE},u} \left| \Delta P_{\mathrm{G},u,t,w} \right| \\ C_{\mathrm{GA}} = \sum_{t=1}^{T} \sum_{c \in \Omega_{\mathrm{B}}} \sum_{w} C_{\mathrm{GA\_BE},c} \left| \Delta f_{\mathrm{G},c,t,w} \right| \end{cases} \tag{7-26}$$

同 7.1 节所述，w 为场景变量，w 取值为 0、1 和 2 分别对应风电取期望场景、最大正误差场景和最大负误差场景。考虑与系统负荷预测误差结合，$w=1$ 对应系统负荷应取最大负误差场景，此时电网可调节发电机组为应对该误差场景提供下行功率调整，基于此将 $w=1$ 定义为系统下调功率极限场景；同理，$w=2$ 定义为系统上调功率极限场景。ΔP_{G} 和 Δf_{G} 分别为发电机组和天然气气源的功率调整量。特别地，当 $w=0$，即期望场景时，调节量 ΔP_{G}、Δf_{G} 取值为 0，变量 $C_{\mathrm{EA\_BE}}$、$C_{\mathrm{GA\_BE}}$ 为对应的成本系数。

7.3.2　电网运行约束

1. 电网功率平衡及潮流约束

本章调度模型中，对电网建模采用直流潮流模型。细化式（7-12）所表达的电网功率平衡方程，对期望场景和两个极限误差场景的节点功率平衡统一表达如下，即对于电网任一电网节点 i，有

$$\sum_{u \in i} P_{G,u,t} + \left(\sum_{u \in i, u \in \Omega_A} \Delta P_{G,u,t,w} \right) + \sum_{k \in i} P_{w,k,t,w}(\kappa_{k,t}) + \sum_{j \in e(i)} P_{F j,t,w} = \sum_{c \in i \cap c \in TR} P_{TR,c,t} + P_{D,i,t,w} \tag{7-27}$$

式中，变量 i、j、$e(i)$、P_F 定义同式（4-13）；而对于电网直流潮流变量 P_F，约束为不超过其最大传输功率，表示为

$$\left| P_{F j,t,w} \right| \leqslant P_{Fmax,j} \tag{7-28}$$

式中，变量 P_{Fmax} 定义同式（4-22），表示线路最大传输功率。

2. 发电机组运行约束及场景出力转移约束

调度模型中电网可调度机组包括了燃煤机组、燃气轮机机组以及 P2G 设备。其中，P2G 设备主要满足其额定功率的约束，表达式如式（7-10）所示。对于不同场景下风电场并网功率的建模已在式（7-8）中描述，且需满足：

$$0 \leqslant \kappa_{k,t} \leqslant 1 \tag{7-29}$$

燃煤机组和燃气轮机机组运行功率 P_G 需要满足最大/最小出力约束、爬坡约束、机组启停时间约束，同式（4-15）～式（4-17）。对承担电网功率调节的机组 $u \in \Omega_A$，还需满足机组在极限误差场景之间调节速率的需求及相邻调度时段场景转移调节速率的需求，如式（7-30）和式（7-31）。

$$\begin{cases} \Delta P_{G,u,t,0} = 0 \\ \max\{b_{G,u,t} P_{Gmin,u} - P_{G,u,t}, -b_{G,u,t} P_{Gdn,u}\} \leqslant \Delta P_{G,u,t,1} \leqslant 0 \\ 0 \leqslant \Delta P_{G,u,t,2} \leqslant \min\{b_{G,u,t} P_{Gmax,u} - P_{G,u,t}, b_{G,u,t} P_{Gup,u}\} \end{cases} \tag{7-30}$$

$$\begin{cases} \left(P_{G,u,t} + \Delta P_{G,u,t,w} \right) - \left(P_{G,u,t-1} + \Delta P_{G,u,t-1,w'} \right) \leqslant b_{G,u,t-1} P_{Gup,u} + b_{Gon,u,t} P_{Gon,u} \\ \left(P_{G,u,t-1} + \Delta P_{G,u,t-1,w'} \right) - \left(P_{G,u,t} + \Delta P_{G,u,t,w} \right) \leqslant b_{G,u,t} P_{Gdn,u} + b_{Goff,u,t} P_{Goff,u} \end{cases} \tag{7-31}$$

式中，变量 b_G、b_{Gon}、b_{Goff}、P_{Gmin}/P_{Gmax}、P_{Gup}/P_{Gdn}、P_{Gon}/P_{Goff} 同前述定义；w' 定义同 w。特别指出，式（7-30）描述的极限误差场景调节速率约束已考虑了上调和下调极限功率的方向性，该约束本质同式（4-18）。但相比之下，该式结合式（7-27）和式（7-28），还进一步考虑了极限功率调整的潮流约束。

7.3.3　天然气管网运行约束

1. 天然气管网流量平衡及传输状态约束

在式（4-14）的基础上，进一步考虑两个极限误差场景的流量平衡，方程统一表达如下，即对任一天然气管网节点 n，有

$$\sum_{c\in n}f_{\mathrm{G},c,t}+\left(\sum_{c\in n,c\in\Omega_{\mathrm{B}}}\Delta f_{\mathrm{G},c,t,w}\right)-\sum_{m:o_{\mathrm{I}}(m)=n}f_{\mathrm{L},m,t,w}^{\mathrm{I}}+\sum_{m:o_{\mathrm{T}}(m)=n}f_{\mathrm{L},m,t,w}^{\mathrm{T}}-\sum_{s:o_{\mathrm{SI}}(s)=n}f_{\mathrm{L},s,t,w}^{\mathrm{SI}}+\sum_{s:o_{\mathrm{ST}}(s)=n}f_{\mathrm{L},s,t,w}^{\mathrm{ST}}$$

$$=\sum_{u\in n\cap u\in\mathrm{GT}}f_{\mathrm{GT},u,t}+\left(\sum_{u\in n\cap u\in\mathrm{GT},u\in\Omega_{\mathrm{A}}}\Delta f_{\mathrm{GT},u,t,w}\right)+f_{\mathrm{D},n,t,w} \tag{7-32}$$

式中，Δf_{GT} 为极限误差场景下燃气轮机耗气量的调整量；其他变量定义同第 4 章式（4-14）所述。对于描述天然气传输支路的状态量 $f_{\mathrm{L}}^{\mathrm{I}}$、$f_{\mathrm{L}}^{\mathrm{T}}$，在式（4-1）~式（4-4）和式（4-23）基础上增加引入下标场景变量 w，其需满足约束为

$$\begin{cases} Q_{m,t,w}=\rho_{\mathrm{A},m}\dfrac{\left(\pi_{n:n=o_{\mathrm{I}}(m),t,w}+\pi_{n:n=o_{\mathrm{T}}(m),t,w}\right)}{2} \\ \qquad =Q_{m,t-1,w}+f_{\mathrm{L},m,t,w}^{\mathrm{I}}-f_{\mathrm{L},m,t,w}^{\mathrm{T}} \\ \mathrm{sign}(f_{\mathrm{L},m,t,w})(f_{\mathrm{L},m,t,w})^2-\rho_{\mathrm{B},m}\left(\pi_{n:n=o_{\mathrm{I}}(m),t,w}^2-\pi_{n:n=o_{\mathrm{T}}(m),t,w}^2\right)=0 \\ \left|f_{\mathrm{L},m,t,w}\right|=\left|\dfrac{f_{\mathrm{L},m,t,w}^{\mathrm{I}}+f_{\mathrm{L},m,t,w}^{\mathrm{T}}}{2}\right|\leqslant f_{\mathrm{Lmax},m} \\ \pi_{\min,n}\leqslant\pi_{n,t,w}\leqslant\pi_{\max,n} \end{cases} \tag{7-33}$$

同理，对压缩机支路忽略其耗气损耗，结合式（4-19）考虑进出口压力约束，有

$$\begin{cases} f_{\mathrm{L},s,t,w}^{\mathrm{SI}}=f_{\mathrm{L},s,t,w}^{\mathrm{ST}} \\ 1\leqslant\dfrac{\pi_{n:n=o_{\mathrm{ST}}(s),t,w}}{\pi_{n:n=o_{\mathrm{SI}}(s),t,w}}\leqslant\Lambda_s \end{cases} \tag{7-34}$$

而对于天然气管道固有的管存特性，在式（6-19）增加下标场景变量 w，有

$$(1-\varepsilon_{\mathrm{CN}})\sum_m Q_{\mathrm{ini},m}\leqslant\sum_m Q_{m,T,w}\leqslant(1+\varepsilon_{\mathrm{CN}})\sum_m Q_{\mathrm{ini},m} \tag{7-35}$$

综上，式（7-32）~式（7-35）构造了考虑多场景的天然气管网传输约束方程，并将参与电网功率平衡的燃气轮机流量调节量计入其中，实质将燃气轮机备用出力在天然气管网约束是否可行的问题纳入其中，更符合问题实际。

2. 天然气气源出力及流量调整约束

天然气气源出力约束主要满足最大/最小出力约束。同式（4-19）中的第 1 式所述。进一步，对于参与天然气管网流量平衡调节的气源 $c \in \Omega_B$，结合极限误差场景上、下行调节的方向性，其流量调整量需满足：

$$\begin{cases} \Delta f_{G,c,t,0} = 0 \\ f_{Gmin,c} - f_{G,c,t} \leqslant \Delta f_{G,c,t,1} \leqslant 0 \\ 0 \leqslant \Delta f_{G,c,t,1} \leqslant f_{Gmax,c} - f_{G,c,t} \end{cases} \tag{7-36}$$

7.3.4　电网-天然气管网耦合设备约束

结合式（4-21）和式（7-11），并考虑燃气轮机在极限误差场景下的功率调整，则电网和天然气管网耦合设备（包括燃气轮机和 P2G 设备）运行需满足：

$$\begin{cases} f_{GT,u,t} = \dfrac{P_{G,u,t}}{\eta_{GT,u} LHV} & u \in GT \\[3mm] \Delta f_{GT,u,t,w} = \dfrac{\Delta P_{G,u,t,w}}{\eta_{GT,u} LHV} & u \in GT, u \in \Omega_A \\[3mm] f_{G,c,t} = \dfrac{\eta_{TR,c} P_{TR,c,t}}{LHV} & c \in TR \end{cases} \tag{7-37}$$

7.4　基于 SAP-ADMM 的调度模型分布式求解

7.4.1　ADMM 的基本思想

鉴于集中式的优化方法对电网和天然气管网进行数据采集存在模型复杂、通信量大以及两个网络之间可能存在的信息私密性问题，本节采用分布式算法对 IEGN 的优化调度问题分解为电网优化子问题和天然气管网优化子问题进行求解。交替方向乘子法（alternating direction method of multipliers，ADMM）是处理可分结构优化问题的一种分布式算法，因其具有形式简单、收敛性好以及鲁棒性强的优势，近年来受到广泛关注[4]。ADMM 求解思想源于求解约束优化问题的增广拉格朗日（Lagrange）乘子法，并且利用优化问题的可分离结构，将原优化问题松弛为多个子问题进行交替迭代求解，直至满足收敛条件从而获得原优化问题的最优解。应用 ADMM 对可分离优化问题分布式求解的基本模型如下：

$$
\begin{cases}
\min & H_1(\boldsymbol{x}_\mathrm{E}) + H_2(\boldsymbol{x}_\mathrm{C}) \\
\text{s.t.} & \boldsymbol{A}\boldsymbol{x}_\mathrm{E} + \boldsymbol{B}\boldsymbol{x}_\mathrm{C} = \boldsymbol{C}
\end{cases}
\tag{7-38}
$$

式中，$\boldsymbol{x}_\mathrm{E}$ 和 $\boldsymbol{x}_\mathrm{C}$ 为两类优化变量向量；$\boldsymbol{x}_\mathrm{E} \in \boldsymbol{X}_\mathrm{E}$ 和 $\boldsymbol{x}_\mathrm{C} \in \boldsymbol{X}_\mathrm{C}$，其中，$\boldsymbol{X}_\mathrm{E}$ 和 $\boldsymbol{X}_\mathrm{C}$ 为对应变量的可行域；$H_1(\boldsymbol{x}_\mathrm{E})$ 和 $H_2(\boldsymbol{x}_\mathrm{C})$ 为两类优化变量的目标函数；式中第 2 式为两类优化变量的耦合约束，$\boldsymbol{A}$、$\boldsymbol{B}$、$\boldsymbol{C}$ 为耦合约束的系数矩阵。

求解式（7-38）的增广 Lagrange 乘子法中第 p 次迭代可构造如下：

$$
\begin{cases}
\left[\boldsymbol{x}_\mathrm{E}^{(p+1)}, \boldsymbol{x}_\mathrm{C}^{(p+1)}\right] = \mathrm{Argmin}\left\{
\begin{array}{l}
H_1(\boldsymbol{x}_\mathrm{E}) + H_2(\boldsymbol{x}_\mathrm{C}) - \left[\boldsymbol{\lambda}^{(p)}\right]^\mathrm{T}\left[\boldsymbol{A}\boldsymbol{x}_\mathrm{E}^{(p)} + \boldsymbol{B}\boldsymbol{x}_\mathrm{C}^{(p)} - \boldsymbol{C}\right] \\
+ \dfrac{\Phi}{2}\left\|\boldsymbol{A}\boldsymbol{x}_\mathrm{E}^{(p)} + \boldsymbol{B}\boldsymbol{x}_\mathrm{C}^{(p)} - \boldsymbol{C}\right\|_2^2
\end{array}
\right\} \\
\boldsymbol{\lambda}^{(p+1)} = \boldsymbol{\lambda}^{(p)} - \Phi\left[\boldsymbol{A}\boldsymbol{x}_\mathrm{E}^{(p+1)} + \boldsymbol{B}\boldsymbol{x}_\mathrm{C}^{(p+1)} - \boldsymbol{C}\right]
\end{cases}
\tag{7-39}
$$

式中，$\boldsymbol{\lambda}$ 为耦合约束的 Lagrange 乘子向量；Φ 为罚因子。

再者，引入高斯-赛德尔的迭代求解思想，将式（7-39）两类优化变量分开求解，便是所谓的 ADMM 分布式算法求解思路[5]。具体地，第 p 次迭代时，对于给定的 $[\boldsymbol{x}_\mathrm{E}^{(p)}, \boldsymbol{x}_\mathrm{C}^{(p)}, \boldsymbol{\lambda}^{(p)}]$，通过式（7-40）获得 $[\boldsymbol{x}_\mathrm{E}^{(p+1)}, \boldsymbol{x}_\mathrm{C}^{(p+1)}, \boldsymbol{\lambda}^{(p+1)}]$ 实现一次迭代。

$$
\begin{cases}
\boldsymbol{x}_\mathrm{E}^{(p+1)} = \mathrm{Argmin}\left\{H_1\left[\boldsymbol{x}_\mathrm{E}^{(p)}\right] - \left[\boldsymbol{\lambda}^{(p)}\right]^\mathrm{T}\boldsymbol{A}\boldsymbol{x}_\mathrm{E}^{(p)} + \dfrac{\Phi}{2}\left\|\boldsymbol{A}\boldsymbol{x}_\mathrm{E}^{(p)} + \boldsymbol{B}\boldsymbol{x}_\mathrm{C}^{(p)} - \boldsymbol{C}\right\|_2^2\right\} \\
\boldsymbol{x}_\mathrm{C}^{(p+1)} = \mathrm{Argmin}\left\{H_2\left[\boldsymbol{x}_\mathrm{C}^{(p)}\right] - \left[\boldsymbol{\lambda}^{(p)}\right]^\mathrm{T}\boldsymbol{B}\boldsymbol{x}_\mathrm{C}^{(p)} + \dfrac{\Phi}{2}\left\|\boldsymbol{A}\boldsymbol{x}_\mathrm{E}^{(p+1)} + \boldsymbol{B}\boldsymbol{x}_\mathrm{C}^{(p)} - \boldsymbol{C}\right\|_2^2\right\} \\
\boldsymbol{\lambda}^{(p+1)} = \boldsymbol{\lambda}^{(p)} - \Phi\left[\boldsymbol{A}\boldsymbol{x}_\mathrm{E}^{(p+1)} + \boldsymbol{B}\boldsymbol{x}_\mathrm{C}^{(p+1)} - \boldsymbol{C}\right]
\end{cases}
\tag{7-40}
$$

可见，从本质看 ADMM 是处理可分离结构优化问题的松弛了的增广 Lagrange 乘子法。基于式（7-40）经过多次迭代，该算法收敛判据为

$$
\begin{cases}
\left\|\mathrm{PRE}^{(p+1)}\right\|_2^2 = \left\|\boldsymbol{A}\boldsymbol{x}_\mathrm{E}^{(p+1)} + \boldsymbol{B}\boldsymbol{x}_\mathrm{C}^{(p+1)} - \boldsymbol{C}\right\|_2^2 \leqslant \varepsilon_\mathrm{pri} \\
\left\|\mathrm{DRE}^{(p+1)}\right\|_2^2 = \left\|\Phi\boldsymbol{A}^\mathrm{T}\boldsymbol{B}\left[\boldsymbol{x}_\mathrm{C}^{(p+1)} - \boldsymbol{x}_\mathrm{C}^{(p)}\right]\right\|_2^2 \leqslant \varepsilon_\mathrm{dual}
\end{cases}
\tag{7-41}
$$

式中，PRE 和 DRE 分别指原始残差和对偶残差；ε_pri 和 $\varepsilon_\mathrm{dual}$ 分别为原始残差和对偶残差的收敛精度。

7.4.2 SAP-ADMM：分阶梯加速罚因子策略的引入

7.4.1 节介绍了传统 ADMM，该算法对罚因子 Φ 取值比较敏感[6]。过大或过小的罚因子取值都会影响收敛速度，不恰当的罚因子还可能造成 ADMM 无法收敛。为减小罚因子对 ADMM 收敛性的影响及其选择的盲目性，现有文献研究大多采用一个单调递增的罚因子序列来代替固定的罚因子取值从而加快收敛速度。判据指标如相邻两次迭代原始残差的比值、原始残差和对偶残差比值等。

ADMM 是一个交替计算的过程。当一次迭代完成后，原始残差 PRE 和对偶残差 DRE 的变化特性可以反映罚函数项对优化问题所起的作用。若 PRE 下降幅度小，或是反增不减，反而 DRE 下降快，则罚函数项对优化问题起作用小，各个子问题都朝自己最优的路径迭代，反映边界关系的罚函数项没有很好地起到两个子问题之间的协同作用。此时可适当增大罚因子，这也是现有文献采用单增罚因子的思想。但不同问题的特性不同，对初始罚因子选取也不一，若统一采用某较小的罚因子，可能使得罚因子要增大到一定数值才起作用，而选择太大的罚因子又可能造成罚因子过大使得 DRE 难以收敛。

基于以上的分析，考虑对任一优化问题均可从设置一个较小的初始罚因子开始，利用 PRE 和 DRE 比值、相邻两次迭代 PRE 下降速度为判据，在单增罚因子基础上，引入前加速策略，分阶梯对罚因子增速。第 p 次迭代时罚因子分阶梯加速调整策略如表 7-1 所示。

表 7-1　第 p 次迭代时罚因子分阶梯加速调整策略

If　$\mathrm{PRE}^{(p)} > O_\mathrm{A} \times \mathrm{DRE}^{(p)}$　or　$\mathrm{PRE}^{(p)} > \mathrm{PRE}^{(p-1)}$
If　$\mathrm{PRE}^{(p)} > 2 \times O_\mathrm{A} \times \mathrm{DRE}^{(p)}$: 　　　update　$\Phi^{(p-1)} = 2 \times O_\mathrm{B} \times \Phi^{(p)}$　　　　　　　　　　　　（加速策略）
Else: 　　　update　$\Phi^{(p-1)} = O_\mathrm{B} \times \Phi^{(p)}$
End
End

表中，O_A 为加速前 PRE 和 DRE 的比值，O_B 为罚因子的增长因子，参考文献[6]可分别取值 10 和 2。

7.4.3　SAP-ADMM 应用于调度模型分布式求解流程

式（7-38）的抽象模型具有通用性，可将 7.3 节所提的优化调度模型映射过来，进而将调度模型分解为电网优化子问题和天然气管网优化子问题。具体地，将 7.3 节所涉及的变量分为与电网状态量相关的变量 $\boldsymbol{x}_\mathrm{E}$ 和与天然气管网状态量相关的变量 $\boldsymbol{x}_\mathrm{C}$，则可对式（7-24）的目标函数进行分离并映射到 $H_1(\boldsymbol{x}_\mathrm{E})$ 和 $H_2(\boldsymbol{x}_\mathrm{C})$。

$$\begin{cases} H_1(\boldsymbol{x}_\mathrm{E}) = C_\mathrm{INE} + C_\mathrm{EA} \\ H_2(\boldsymbol{x}_\mathrm{C}) = C_\mathrm{ING} + C_\mathrm{GA} \end{cases} \tag{7-42}$$

而变量 $\boldsymbol{x}_\mathrm{E}$ 和 $\boldsymbol{x}_\mathrm{C}$ 所属的可行域 $\boldsymbol{X}_\mathrm{E}$ 和 $\boldsymbol{X}_\mathrm{C}$，分别由 7.3.2 节和 7.3.3 节所描述的约束构成。耦合约束为 7.3.4 节所述的式（7-37）。因此，电网优化子问题的目标函数可由 $H_1(\boldsymbol{x}_\mathrm{E})$

及式（7-37）通过构造增广 Lagrange 函数进行构建，而约束则为 7.3.2 节所述的约束集构成；同理，天然气管网优化子问题由 $H_2(x_C)$、式（7-37）和 7.3.3 节所述的约束集构成。

综上，结合 7.4.1 节所述的 ADMM 基本流程及表 7-1 的罚因子调整策略，基于 SAP-ADMM 的调度模型分布式优化求解流程图如图 7-3 所示。

进一步对图 7-3 中电网和天然气管网优化子问题的求解做进一步说明如下：

（1）对于电网优化子问题，目标函数中 C_{EA} 的绝对值项由式（7-30）判断正负，故可进行去绝对值处理，约束中式（7-28）也可由不等式放缩去绝对值。经上述处理后，电网优化子问题为目标函数带二次项、约束条件为线性约束的混合整数二次优化问题。该调度模型可借助 GAMS 调用 GUROBI 求解器进行求解。

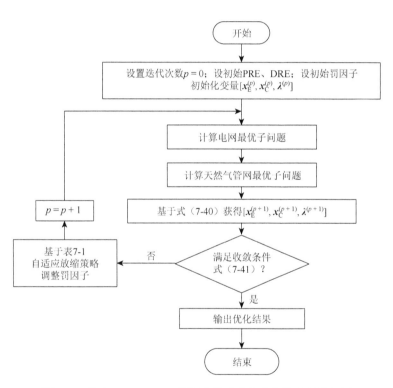

图 7-3　基于 SAP-ADMM 的调度模型分布式优化求解流程图

（2）对于天然气管网优化子问题，目标函数中 C_{GA} 的绝对值项同样可由式（7-36）判断正负进行去绝对值处理，而对式（7-33）中含绝对值号的不等式进行放缩从而去绝对值。进一步地，对式（7-33）中的非线性约束采用泰勒展开线性化处理，则此时天然气管网优化子问题为目标函数带二次项（该二次项由增广 Lagrange 函数的罚函数项引入）、约束条件为线性的二次优化问题，对该优化问题仍采用 GUROBI 进行求解。但为了减小线性化误差及提高计算效率，该子问题采用第 4 章所提的阻尼逐次线性化法进行迭代优化。

7.5 算 例 分 析

采用修改的 IEEE-39 节点电网和 20 节点（网络拓扑参数详见附录 A.2）天然气管网构成的 IEGN（称为 TEST1）计算模型进行仿真。

TEST1 计算模型中含有风电场 3 座、燃煤机组 4 台、燃气轮机机组 3 台、常规气源 4 个、P2G 设备 2 个，具体的连接结构如图 7-4 所示。而各个机组和气源（包括燃煤机组、燃气轮机机组、P2G 设备、常规气源）的经济技术参数见附录 B.2。风电场参数取一致，切入、额定、切出风速分别取 3 m/s、12 m/s、25 m/s，装机容量 300 MW。风速误差概率分布取正态分布，标准差取期望值的 15%。系统负荷水平与风电预测总功率如图 7-5 所示。此外，为重点分析风电不确定性对系统的影响，计算模型中暂不考虑负荷的预测误差。

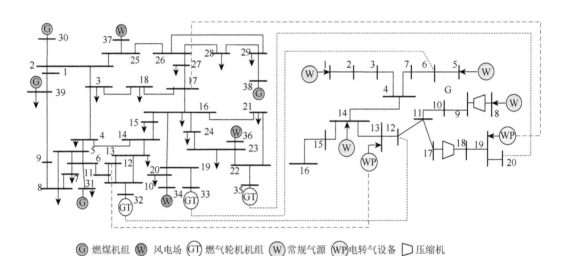

Ⓖ 燃煤机组 Ⓦ 风电场 ⒼⓉ 燃气轮机机组 Ⓦ 常规气源 ⓌⓅ 电转气设备 ▱ 压缩机

图 7-4 仿真系统网架结果

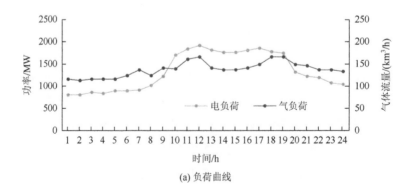

(a) 负荷曲线

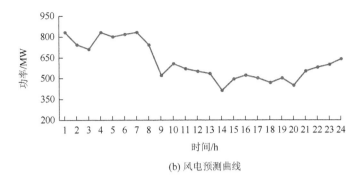

(b) 风电预测曲线

图 7-5　负荷和风电预测曲线

7.5.1　分布式协同优化调度结果分析

分别基于 7.3 节和 7.4 节所提的优化调度模型和分布式算法，取风速置信水平 β 为 0.9，初始管存容量设置为 $1.3 \times 10^7\,\mathrm{m}^{3[7]}$，并给定耦合设备的初始功率为 0，初始罚因子取 10，进行日前优化调度计算。图 7-6 分别给出电网和天然气管网子优化问题的目标函数 $H_1(\boldsymbol{x}_\mathrm{E})$ 和 $H_2(\boldsymbol{x}_\mathrm{C})$ 在迭代过程中的变化曲线，不同机组/气源的日前优化调度期望值结果如图 7-7 所示。

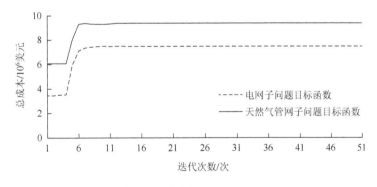

图 7-6　成本费用收敛曲线

如图 7-6 所示，基于 SAP-ADMM 在该 IEGN 调度模型具良好的收敛性。同时，迭代过程也反映了两个系统之间的协同过程。模型中，$H_1(\boldsymbol{x}_\mathrm{E})$ 无计及燃气轮机的能量成本，而 $H_2(\boldsymbol{x}_\mathrm{C})$ 中无计及 P2G 设备的耗电成本。因此，在迭代计算初期，且燃气轮机和 P2G 设备的能量流未达到一致，以及罚因子较小时，最小化 $H_1(\boldsymbol{x}_\mathrm{E})$ 的结果将趋向于通过燃气轮机发电以减少其他机组的能源购置成本，并且 P2G 设备的出力维持在初值状态；而最小化 $H_2(\boldsymbol{x}_\mathrm{C})$ 的结果将趋向于通过 P2G 设备供气而燃气轮机的出力维持在初值状态。这种结果将使得迭代初期 $H_1(\boldsymbol{x}_\mathrm{E})$、$H_2(\boldsymbol{x}_\mathrm{C})$ 较低。而随着迭代进行，燃气轮机和 P2G 设备的能量成本将分别逐渐体现到 $H_1(\boldsymbol{x}_\mathrm{E})$ 和 $H_2(\boldsymbol{x}_\mathrm{C})$ 中而使得 $H_1(\boldsymbol{x}_\mathrm{E})$ 和 $H_2(\boldsymbol{x}_\mathrm{C})$ 逐渐增大，最终收敛。

由图 7-7 可知，P2G 设备主要在风电富余时段（如 1~7 h）工作。效益除了可消纳过剩风电外，还有利于减少电负荷峰谷差。计算结果表明，弃风率由不装设 P2G 设备的10.45%下降到了 7.62%。当然，P2G 设备提升风电消纳的能力与其装机容量、出力约束、风电不确定性程度相关，这将在 7.5.3 节分析。此外，由于燃气轮机机组购气成本相对燃煤机组的能量成本高，故燃气轮机机组主要在电负荷较高时补充燃煤机组及风电供应的不足。

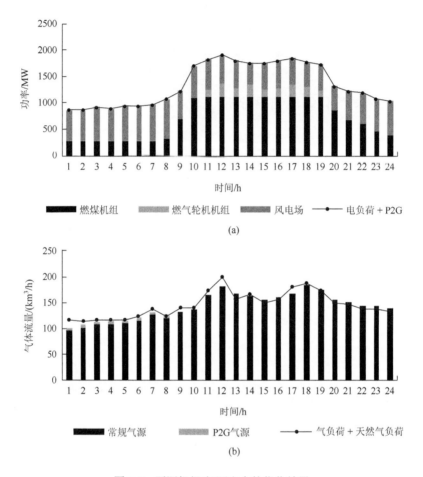

图 7-7　不同机组/气源出力的优化结果

对比图 7-7（a）中的折线可知，同一时刻总电负荷与所有发电机组总功率输出具有一致性，这是由于电网特性需满足实时功率平衡。反观图 7-7（b），总气负荷曲线与气源的总输出并不一致，其原因是天然气管网模型中计及了管存特性来反映天然气系统固有的长时间尺度特性。因此，管存特性使得天然气管网在源-荷匹配优化结果中，并不会和电网一样实时地保持功率平衡。但趋向于在满足约束的情况下通过最小购置气源成本来满足气负荷的需求，该功率平衡特性与第 4 章分析结论一致。

7.5.2 天然气管网的风电不确定响应特性分析

如 7.3 节优化调度模型所述,对于风电功率的不确定性由电网平衡机组承担实时功率的调整,并且考虑极限场景下的最大正、负调整量。当燃气轮机参与辅助电网功率平衡调节时,风电的随机性将波及天然气系统。为分析天然气管网管存特性在应对不确定功率波动时的规律,仍取风速置信水平 β 为 0.9,设置以下不同场景进行算例对比分析。

场景 1:不考虑燃气轮机为平衡机组,但考虑天然气管网的管存特性;

场景 2:同 7.5.1 节仿真用的基础模型,即考虑燃气轮机为平衡机组,且考虑天然气管网的管存特性;

场景 3:在 7.5.1 节仿真模型基础上,不考虑天然气管网的管存特性,即将式(7-33)的管存特性参数 ρ_A 和初值管存容量设为 0。

此外,为反映风电不确定程度增大对波及天然气管网和管存特性的影响,以置信水平 β 作为风电不确定程度的表征量,在场景 2 前提下,令 β 取 0.93 和 0.96,分别增设场景 2(A)和场景 2(B)进行分析。图 7-8 给出了不同场景下 IEGN 中燃煤机组、燃气轮机机组在负误差极限场景下的备用出力。图 7-9 为不同场景下常规气源在负误差极限场景下的备用出力。表 7-2 为不同场景下的能源购置成本和弃风率。

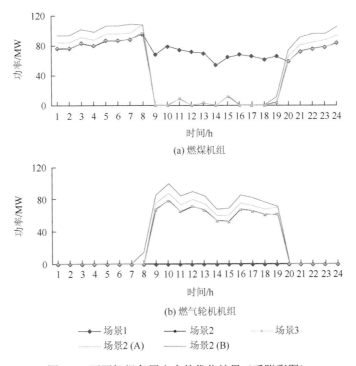

图 7-8 不同机组备用出力的优化结果(后附彩图)

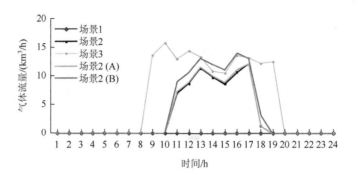

图 7-9　不同气源备用出力的优化结果（后附彩图）

表 7-2　不同场景的能源购置成本和弃风率

对比	场景 1	场景 2	场景 2（A）	场景 2（B）	场景 3
能源购置成本/美元	1 687 238	1 682 282	1 685 054	1 693 007	1 700 947
弃风率/%	7.62	7.62	8.11	8.60	7.62

对比场景 1、场景 2、场景 3 可知，图 7-8（a）和图 7-8（b）反映了为应对风电负误差场景下发电机组上下功率调整的配合。由图 7-8（b）知场景 1 不考虑燃气轮机机组参与功率平衡调节，故场景 1 燃气轮机功率的调整量恒为 0，由风电带来的不确定性功率则均由燃煤机组承担。相比之下，场景 2 和场景 3 考虑了燃气轮机机组和燃煤机组共同参与功率平衡调节。在电负荷较低时，主要由燃煤机组提供上行功率调整，而在电负荷高峰时（如 9～19 h），燃气轮机机组承担了大部分的上行功率调整。其原因主要是电负荷低谷时，燃气轮机机组和燃煤机组都有较大的上行功率调整空间，但由于燃煤机组提供上行功率调整费用相对较低。故而该时段上行功率调整需求由燃煤机组承担。

由 7.5.1 节分析知，燃气轮机机组能源购置成本相对燃煤机组较高，主要在电负荷较高时补充燃煤机组及风电供应的不足。因此电负荷高峰时，燃煤机组接近满出力而无上调空间，应对风电不确定性所需的上行功率由燃气轮机承担。从能源购置成本看，场景 1 比场景 2 高，这是由于场景 1 中未考虑燃气轮机参与实时功率平衡调节，使得电负荷高峰时燃煤机组需出力下降留有备用空间，而此时由成本较高的燃气轮机机组发电补充燃煤机组出力下降导致功率缺额。

由图 7-9 看，场景 2 和场景 3 中考虑了燃气轮机机组为平衡机组。当燃气轮机为应对风电不确定性提供上行功率调整时（如 9～19 h），风电的不确定性将波及天然气管网，此时天然气气源需出力以应对燃气轮机负荷的波动。但从气源的出力看，场景 2 考虑了天然气管网固有的管存特性，其气源的出力相比场景 3 有所减少。主要原因为当燃气轮机提供上行功率调整时，燃气轮机气负荷相比期望场景增多，为满足燃气轮机气负荷增量需求，功率调整从管存容量中获得部分流量，此时天然气管网管存容量降低（图 7-10），减少了从常规气源获得的流量，降低了气源功率的调解量。

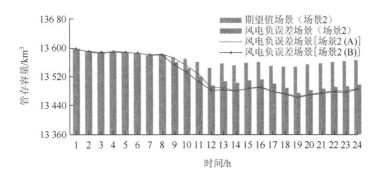

图 7-10　场景 2 在不同误差场景下的管存容量变化曲线（后附彩图）

进一步对比场景 2、场景 2（A）及场景 2（B）可知随着表征风电不确定程度的置信水平 β 的提升，在电负荷高峰时燃气轮机所承担上行调整功率有所增加［图 7-8（b）］。这主要是为了应对风电不确定程度的增大而需增加备用容量。与此同时由燃气轮机功率调整造成的天然气管网的气负荷波动也随之增加。与前分析类似，为应对气负荷波动，天然气管网利用管道存储实现气负荷的缓冲，即管存容量降低使天然气负荷的增加从管存容量中获得（图 7-10）。特别地，场景 2（B）的管存容量相比场景 2（A）下降幅度不大，而从气源获得调整气负荷波动的功率增加（图 7-9），其原因是天然气管网的管存容量受到了气压的约束，不能一味地降低。而场景 2（A）相比场景 2 降低了一定的管存容量，用下降的管存容量调节气负荷的波动的改变量，使得两者对外购气容量基本相同。

另外，从表 7-2 可知，随着 β 的增加，场景 2（A）及场景 2（B）相比场景 2 弃风率有所增加。这主要是因为在风电不确定增大和风电富余时常规机组所承担的下行备用增加，此时抬高了常规机组的出力从而限制了风电的消纳。

另外指出，机组功率下行调整（负备用）一般在低负荷时比较紧张。本算例中燃煤机组功率调整量成本较低，在应对风电正误差场景时燃煤机组有能力提供下行功率调整而无须燃气轮机机组。风电正误差场景下风电随机性未波及天然气管网，故本节不再对该误差场景分析进行赘述。

燃气轮机具有启停快的特点，在辅助电网调峰和提供备用方面具有优势。由上述分析可知，燃气轮机在辅助电网调峰阶段和应对风电不确定时提供上行功率调整虽然会波及天然气管网，但天然气管道传输具有的管存特性会缓解这一波动。在天然气管存容量可调节能力的范围内，随着风电不确定程度增加，管存容量下降用以调节气负荷的波动，减少外部气源的调节量，进一步提高了系统应对风电不确定性的灵活性。

7.5.3　P2G 设备的风电消纳能力分析

为了分析 P2G 设备在提升风电消纳能力的影响因素，在 7.5.1 节仿真算例设置基础上，本节从 P2G 配置容量及风电的不确定程度两个因素着手进行风电消纳能力分析。

其中，风电不确定性程度用影响风电出力置信区间的置信水平 β 作为表征量。P2G 容量以 7.5.1 节及 7.5.2 节分析所配置的 P2G 容量为基准，将 P2G 容量配置水平表示为基准容量的 μ 倍。图 7-11 给出了不同 β、μ 值下弃风率的变化曲线。

由图 7-11 可知，在特定的置信水平下，随着 P2G 容量的增大，IEGN 弃风率也逐渐降低。当弃风率降低到某一水平时趋于平缓，此时在 IEGN 可调度能力范围内弃风率达到最低，并且当 $\beta = 0.90$、0.93、0.96 时，随着 P2G 容量的增大，弃风率均可达到 0，即风电完全消纳；而当 $\beta = 0.99$ 时，随着 P2G 容量的增大，弃风率最后维持在一个较低的状态，但并非为 0，这主要由于系统上、下功率的调整能力所限。再者，在特定 P2G 容量下，随着 β 的增加（风电不确定程度的增加），弃风率提升。从某一个角度来看，若为了达到某一较低的弃风率（假设为 2%），随着 β 的提升，所需的 P2G 容量也将增加。

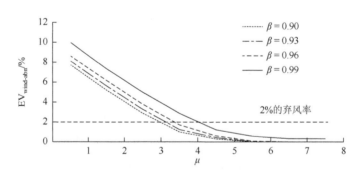

图 7-11　不同 β、μ 值下弃风率的变化

综上可知，尽管 P2G 容量的增大会提升风电消纳能力，但 P2G 消纳风电能力还受到风电不确定程度的限制。同等 P2G 容量下，当风电不确定程度增加时，P2G 消纳风电能力将降低。该仿真结论与 7.2 节理论分析一致。

由于 P2G 容量增加会带来投资成本的增加，因此，为了在更小 P2G 容量配置下提升风电消纳能力，可通过提升风电功率预测技术或在更短的时间尺度内更新风电功率预测值，提升预测误差精度，降低风电的不确定程度。

再者，为验证所提指标 κ 在评估风电消纳能力的有效性，在 7.5.1 节模型中验算了不

含指标 κ［即风电模型在式（7-1）的基础上去掉 κ］的优化结果。此时模型无解，原因主要是该风电随机模型无法反映高风电渗透时系统在调度能力范围内需要弃风的现象。

7.5.4　SAP-ADMM 性能分析

为验证所提 SAP-ADMM 的优势，本节分析在 7.5.1 节所用 TEST1 计算模型基础上，增加 IEEE-118 节点和 GAS-90 节点耦合系统计算模型（定义为 TEST2），设置如下：该 IEGN 含 54 台发电机组（12 台燃气轮机机组、35 台燃煤机组、7 个风电场）、8 个常规气源、4 个 P2G 设备，网络的拓扑参数同第 2 章，机组和气源参数见附录 B.2。总电负荷、风电预测出力为 TEST1 的 2.5 倍，而气负荷为 TEST1 的 1.5 倍。

表 7-3 对比了传统 ADMM（罚因子分别取 100、1 000、10 000）与所提的 SAP-ADMM 的计算性能，并且还增加考虑了罚因子单增策略下的计算性能，即在表 7-1 所提策略的基础上，剔除"加速策略"。其中，两种改进罚因子策略的初始罚因子设置为 10，ADMM 原始残差和对偶残差收敛精度均设为 1×10^{-3}。计算硬件环境为 Inter(R)Core(TM) i3-4150 CPU，3.50 GHz，16 GB RAM。

表 7-3　不同优化方法的计算性能对比

模型	优化方法	目标函数/美元	迭代次数/次	计算时间/min
TEST1	集中式算法	1 682 273	—	2.78
	传统 ADMM（$\Phi = 100$）	1 682 282	74	12.47
	传统 ADMM（$\Phi = 1\ 000$）	1 682 282	25	4.33
	传统 ADMM（$\Phi = 10\ 000$）	1 682 282	37	6.58
	ADMM（Φ 单增）	1 682 282	20	3.45
	SAP-ADMM	1 682 282	15	2.51
TEST2	集中式算法	3 684 415	—	104.21
	传统 ADMM（$\Phi = 100$）	—	>300（不收敛）	—
	传统 ADMM（$\Phi = 1\ 000$）	3 687 409	58	69.59
	传统 ADMM（$\Phi = 10\ 000$）	3 687 409	106	114.25
	ADMM（Φ 单增）	3 687 409	37	45.36
	SAP-ADMM	3 687 409	25	31.04

从表 7-3 的结果看，采用不同算法的优化结果均趋于一致，并且在模型规模较大（TEST2）时采用分布式算法具有提高时间效率的优势。传统的 ADMM 对罚因子的取值

较为敏感，在不同罚因子取值下，迭代次数均有所不同，且相差较大，甚至在 TEST2
中罚因子为 100 时出现了迭代次数过多算法终止的不收敛现象。因此，罚因子对 ADMM
计算效率的敏感性使得确定一个合适的罚因子具有重要性。而对比算例仿真中，两种
改进罚因子的 ADMM 均可提高 ADMM 收敛效率。但相比之下，SAP-ADMM 更优，
该方法所用的迭代次数更少，结合 TEST1 及 TEST2 收敛残差和罚因子特性可进一步解
释说明。

结合图 7-12 和图 7-13 可发现，在同一初始较小的罚因子下，随着迭代的进行，具有
"加速策略"的 ADMM 能使罚因子快速达到较为合适且能起作用的值，实现加快残差收
敛的作用。验证了所提分阶梯罚因子加速调整罚因子的策略具有避免盲目选取的罚因子
和加快 ADMM 收敛速度的优势。

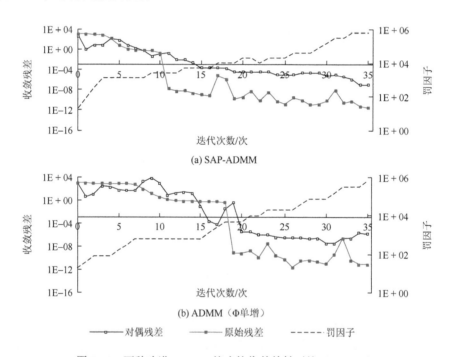

图 7-12　两种改进 ADMM 策略的收敛特性对比（TEST 1）

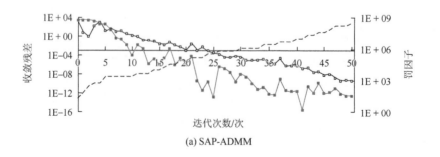

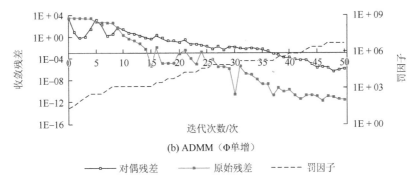

(b) ADMM（Φ单增）

——□—— 对偶残差　　——■—— 原始残差　　----- 罚因子

图 7-13　两种改进 ADMM 策略的收敛特性对比（TEST2）

7.6　本 章 小 结

立足于电网和天然气管网耦合程度不断加深及风电高比例渗透的背景，计及风电出力不确定性、P2G 消纳过剩风电特性，开展了含高比例风电的 IEGN 日前最优经济调度研究，并提出了基于 SAP-ADMM 的调度模型分布式求解方法。主要结论如下：

（1）将所提"风电并网功率比例因子"指标作为决策变量引入传统风电的随机模型中，可反映风电不确定程度与并网功率的关系，并且基于该指标的决策值可指导风电场日前调度。而 P2G 设备的应用有利于消纳过剩风电，但同等 P2G 装机容量下，P2G 设备消纳风电能力受风电不确定程度的制约。

（2）天然气固有管存特性具有缓冲功率波动的能力，这对于未来充分利用启停速度快的燃气轮机承担功率平衡调节具有积极意义，可提高系统运行的灵活性。在管存容量调节的范围内，随着风电不确定程度的增加，管存容量降低以调节气负荷的波动，可减少外部气源调节量。

（3）采用分布式算法求解 IEGN 联合调度模型，适应于电网和天然气管网分属不同决策主体而存在的信息隐私问题。相比传统的 ADMM，所提基于分阶梯罚因子加速调整策略的 SAP-ADMM 分布式求解方法可避免罚因子选取的盲目性且具有提高收敛效率的优势。

参 考 文 献

[1]　Alabdulwahab A，Abusorrah A，Zhang X P，et al. Coordination of interdependent natural gas and electricity infrastructures for firming the variability of wind energy in stochastic day-ahead scheduling[J]. IEEE Transactions on Sustainable Energy，2015，6（2）：606-615.

[2]　Xu Q Y，Zhang N，Kang C Q，et al. A game theoretical pricing mechanism for multi-area spinning reserve trading considering wind power uncertainty[J]. IEEE Transactions on Power Systems，2015，31（2）：1084-1095.

[3]　高红均，刘俊勇，魏震波，等. 基于极限场景集的风电机组安全调度决策模型[J]. 电网技术，2013，37（6）：1590-1595.

[4]　陈泽兴，赵振东，张勇军，等. 计及动态管存的电-气互联系统优化调度与高比例风电消纳[J]. 电力系统自动化，2019，43（9）：31-40，49.

[5]　Wen Y F，Qu X B，Li W Y，et al. Synergistic operation of electricity and natural gas networks via ADMM[J]. IEEE Transactions on Smart Grid，2018，9（5）：4555-4565.

[6]　冯汉中，刘明波，赵文猛，等. ADMM 应用于求解多区域互联电网分布式无功优化问题[J]. 电力系统及其自动化学报，2017，29（7）：20-26.

[7]　董帅，王成福，徐士杰，等. 计及网络动态特性的电-气-热综合能源系统日前优化调度[J]. 电力系统自动化，2018，42（13）：12-19.

第8章 电-气耦合能源中心通用线性化模型与源-荷互动优化调度

前述章节提出了 IEGN 的优化调度方法,主要是在满足电、气负荷需求下实现了 IEGN 的经济运行。区别于传统单一的能源负荷,电-气耦合能源中心(EGC-EC)是 IEGN 广义的能源负荷节点。EGC-EC 以电能、天然气为能源输入端(即以 IEGN 为上级能源支撑),集合区域内变电站、能源站、储能站、新能源发电基地等建立起多能源传输桥梁。与"虚拟电厂"类似,EGC-EC 可以认为是一个"虚拟能源站",其实现了多能流的耦合优化分配并传输给下一级能源系统。EGC-EC 不同的运行策略将直接影响 IEGN 广义能源负荷节点的能源需求。

传统仅靠 EGC-EC 源侧单一手段调节的方法,如调节 EGC-EC 内能源转换设备、存储设备出力等,在满足用户多样化用能需求、适应新能源高比例渗透已略显不足。随着能源市场管制逐步放松,EGC-EC 应逐渐重视负荷侧的调控能力。具体思路在于引入市场化的竞争机制,将能源价格作为一种控制资源,计及能源需求的价格弹性和不同能源之间的可替代性,实现源-荷互动的双向调节,改善综合能源负荷特性。

8.1 基于 Energy Hub 的电-气耦合能源中心通用线性化模型

Energy Hub 表征能源输入-输出两端口之间的关系,数学表达如式(8-1)。

$$L = ZP \tag{8-1}$$

式中,P 和 L 分别为输入和输出功率向量;Z 为耦合矩阵。

现有研究基于 Energy Hub 对耦合矩阵 Z 的建模需针对特定模型做具体分析,缺乏通用性[1],增加了复杂系统的建模难度。据此,本节在 Energy Hub 模型基础上,以 EGC-EC 内各设备连接关系矩阵描述为关键表征量,提出 EGC-EC 通用线性化模型,主要反映 EGC-EC 内多能流的稳态有功平衡关系。其"通用性"体现在建模方法适用于具有不同拓扑结构的 EGC-EC。

EGC-EC 主要包含了能源转换设备、储能设备、新能源设备,并通过能源传输通道实现这些设备的连接。为建立通用性的稳态功率平衡表达式,需进行以下定义:

(1)EGC-EC 内所有的能源转换设备共有 J 个输入端、I 个输出端,输入、输出功率

列向量分别表示为 $\boldsymbol{S}=[S_1, S_2, \cdots, S_j, \cdots, S_J]^{\mathrm{T}}$ $(j=1, 2, \cdots, J)$、$\boldsymbol{O}=[O_1, O_2, \cdots, O_i, \cdots, O_I]^{\mathrm{T}}$ $(i=1, 2, \cdots, I)$，部分能源转换设备可将一种能源转化为多种能源（如燃气轮机可将天然气的化学能转换为电能和热能），所以 $I \geqslant J$。

（2）EGC-EC 内含 K 个新能源设备，出力的功率列向量为 $\boldsymbol{R}=(R_1, R_2, \cdots, R_k, \cdots, R_K)^{\mathrm{T}}$ $(k=1, 2, \cdots, K)$。

（3）EGC-EC 内含 H 个储能设备，$\boldsymbol{Q}^{\mathrm{ch}}=\left[Q_1^{\mathrm{ch}}, Q_2^{\mathrm{ch}}, \cdots, Q_h^{\mathrm{ch}}, \cdots, Q_H^{\mathrm{ch}}\right]^{\mathrm{T}}$、$\boldsymbol{Q}^{\mathrm{dis}}=\left[Q_1^{\mathrm{dis}}, Q_2^{\mathrm{dis}}, \cdots, Q_h^{\mathrm{dis}}, \cdots, Q_H^{\mathrm{dis}}\right]^{\mathrm{T}}$ $(h=1, 2, \cdots, H)$ 分别表示储能设备充能、放能功率向量。

图 8-1 描绘了基于 Energy Hub 建模方法的 EGC-EC 抽象结构，为不失一般性，该图没有给出 EGC-EC 内各设备的拓扑连接。

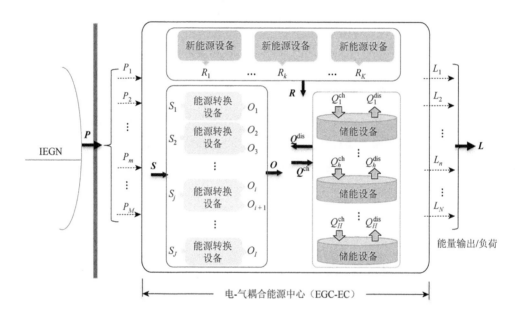

图 8-1　基于 Energy Hub 的 EGC-EC 示意图

图中变量，$\boldsymbol{P}=[P_1, P_2, \cdots, P_m, \cdots, P_M]^{\mathrm{T}}$ $(m=1, 2, \cdots, M)$ 表征 EGC-EC 与上级 IEGN 之间的功率交换，$\boldsymbol{L}=[L_1, L_2, \cdots, L_n, \cdots, L_N]^{\mathrm{T}}$ $(n=1, 2, \cdots, N)$ 则表示 EGC-EC 的负荷。M、N 分别为 EGC-EC 输入、输出端功率的总个数。$\boldsymbol{P}$、$\boldsymbol{L}$、$\boldsymbol{O}$、$\boldsymbol{S}$、$\boldsymbol{R}$、$\boldsymbol{Q}^{\mathrm{ch}}$、$\boldsymbol{Q}^{\mathrm{dis}}$ 功率正方向定义如图 8-1 所示。

从设备连接关系看，EGC-EC 内新能源设备、储能设备可连接于 EGC-EC 的输入输出端或各能源转换设备的输入输出端。因此，当存在新能源设备及储能设备的功率向量 $\boldsymbol{R}$、$\boldsymbol{Q}^{\mathrm{ch}}$、$\boldsymbol{Q}^{\mathrm{dis}}$ 时，可认为是对 $\boldsymbol{P}$、$\boldsymbol{L}$、$\boldsymbol{O}$、$\boldsymbol{S}$ 的修正。基于此，先对仅含能源转换设备的 EGC-EC 进行数学建模，用以描述 EGC-EC 的功率转换关系。

8.1.1　通用线性化模型：仅含能源转换设备

稳态建模时，常将能源转换设备的能量转换效率视为常量[2]，即对于 $\boldsymbol{O}$ 和 $\boldsymbol{S}$ 有

$$\boldsymbol{O} = \eta\boldsymbol{S} \tag{8-2}$$

式中，$\eta = (\eta_{ij})_{I\times J}$，$\eta_{ij}$ 为能源转换设备输入端 j 至输出端 i 的稳态转换效率。

对只含有能源转换设备的 EGC-EC，能量从 EGC-EC 的输入端到输出端的任一通路中存在两种情况，即能量在传输过程中经过或不经过能源转换设备。对于能量传输中不经过能源转换设备的情况，可通过新增无损的虚拟能源转换设备进行等效变换，如图 8-2 所示。

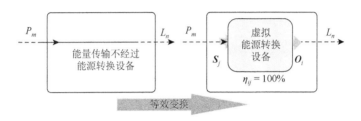

图 8-2　虚拟能源转换设备建模方法示意图

经图 8-2 的变换，能量在 EGC-EC 的传输均需要经过能源转换设备。进一步定义 $M + N$ 行 $I + J$ 列矩阵 $\boldsymbol{C}$ 来表示 EGC-EC 输入输出端口与能源转换设备输入/输出端口连接关系，则可得

$$\begin{bmatrix} \boldsymbol{P} \\ \boldsymbol{L} \end{bmatrix} = \boldsymbol{C}\begin{bmatrix} \boldsymbol{O} \\ \boldsymbol{S} \end{bmatrix} = \left[\begin{array}{c|c} -\boldsymbol{C}_{\mathrm{PO}} & \boldsymbol{C}_{\mathrm{PS}} \\ \hline \boldsymbol{C}_{\mathrm{LO}} & -\boldsymbol{C}_{\mathrm{LS}} \end{array}\right]\begin{bmatrix} \boldsymbol{O} \\ \boldsymbol{S} \end{bmatrix} \tag{8-3}$$

式中，$\boldsymbol{C}_{\mathrm{PO}} = (c_{mi})_{M\times I}$、$\boldsymbol{C}_{\mathrm{PS}} = (c_{mj})_{M\times J}$、$\boldsymbol{C}_{\mathrm{LO}} = (c_{ni})_{N\times I}$、$\boldsymbol{C}_{\mathrm{LS}} = (c_{nj})_{N\times J}$ 为 $\boldsymbol{C}$ 的分块矩阵。当 m 端与 i 端相连时，c_{mi} 取值 1，否则为 0。C_{mj}、c_{ni}、c_{nj} 的取值同理。

需注意，若 EGC-EC 内含串级能源转换设备，还需进一步增加方程对串级能源转换设备的能量转换关系进行描述。具体来看，串级能源转换设备是指 EGC-EC 中的能量经过一种（多种）转换设备输出后，汇集输入到另一种（多种）能源转换设备中，且在能量汇集处不与 EGC-EC 输入输出端相连。串级能源转换设备的结构示意如图 8-3 所示。

假设 EGC-EC 中有 G 个串级能源转换设备，g 为其计数变量（$g = 1, 2, \cdots, G$），定义 $G\times(I + J)$ 阶矩阵 $\boldsymbol{D}$ 为串级能源转换设备端口位置矩阵，并将 $\boldsymbol{D}$ 进行列分块，即 $\boldsymbol{D} = [\boldsymbol{D}_{\mathrm{O}}|\boldsymbol{D}_{\mathrm{S}}]$，其中 $\boldsymbol{D}_{\mathrm{O}} = (D_{gi})_{G\times I}$、$\boldsymbol{D}_{\mathrm{S}} = (D_{gj})_{G\times J}$。对于某一个串级能源转换设备 g，若在能量汇集处分别与某能源转换设备的输出端 i、某能源转换设备的输入端 j 相连接，则对应 D_{gi}、D_{gj} 取 1，否则取 0。

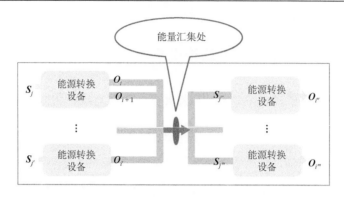

图 8-3　串级能源转换设备结构

相应地，D 与 O、S 的关系可表示为

$$D_O O = D_S S \tag{8-4}$$

综上，联立式（8-2）～式（8-4），消去矩阵 O，可得 EGC-EC 稳态功率平衡方程为

$$\begin{bmatrix} -C_{PO}\eta + C_{PS} & -I_M \\ C_{LO}\eta - C_{LS} & 0 \\ D_O\eta - D_S & 0 \end{bmatrix} \begin{bmatrix} S \\ P \end{bmatrix} = \begin{bmatrix} 0 \\ L \\ 0 \end{bmatrix} \tag{8-5}$$

式（8-5）中反映了 S、P 与 L 之间的线性关系，其中，I_M 为 M 阶单位矩阵。式（8-5）与式（8-1）有类同，其引入了 S 代替传统建模中的能量分配系数。

8.1.2　通用线性化模型：含新能源设备和储能设备的模型修正

为描述 EGC-EC 中新能源设备及储能设备的位置，定义新能源设备位置矩阵 A 和储能设备位置矩阵 B 如下：

$$A = \begin{bmatrix} A_O^T & | & A_S^T & | & A_P^T & | & A_L^T \end{bmatrix}^T, \quad B = \begin{bmatrix} B_O^T & | & B_S^T & | & B_P^T & | & B_L^T \end{bmatrix}^T \tag{8-6}$$

式中，$A_O = (A_{ik})_{I \times K}$、$A_S = (A_{jk})_{J \times K}$、$A_P = (A_{mk})_{M \times K}$、$A_L = (A_{nk})_{N \times K}$ 为 A 的分块矩阵，分别表示新能源设备与能源转换设备的输出端口、能源转换设备的输入端口、EGC-EC 的功率输入端、EGC-EC 的功率输出端的连接关系。当新能源设备 k 与能源转换设备的输出端口 i 相连时，A_{ik} 取 1，否则 A_{ik} 为 0。A_{jk}、A_{mk}、A_{nk} 的取值同理。而 $B_O = (B_{ih})_{I \times H}$、$B_S = (B_{jh})_{J \times H}$、$B_P = (B_{mh})_{M \times H}$、$B_L = (B_{nh})_{N \times H}$ 分别为储能设备与能源转换设备输出端口、能源转换设备输入端口、EGC-EC 功率输入端、EGC-EC 功率输出端的连接关系，矩阵元素取值规则与 A 相同。

由于新能源设备、储能设备接入不同位置时，会影响对应接入端口的功率。因此，

结合矩阵 $\boldsymbol{A}$、$\boldsymbol{B}$ 所描述的位置信息，需要对式（8-2）～式（8-4）中向量 $\boldsymbol{P}$、$\boldsymbol{L}$、$\boldsymbol{O}$、$\boldsymbol{S}$ 进行修正，修正公式如表 8-1 所示。

表 8-1　向量 $\boldsymbol{P}$、$\boldsymbol{L}$、$\boldsymbol{O}$、$\boldsymbol{S}$ 的修正公式

原矩阵	修正后矩阵	原矩阵	修正后矩阵
$\boldsymbol{P}$	$\boldsymbol{P}-\boldsymbol{B}_{\mathrm{P}}\boldsymbol{Q}+\boldsymbol{A}_{\mathrm{P}}\boldsymbol{R}$	$\boldsymbol{L}$	$\boldsymbol{L}+\boldsymbol{B}_{\mathrm{L}}\boldsymbol{Q}-\boldsymbol{A}_{\mathrm{L}}\boldsymbol{R}$
$\boldsymbol{O}$	$\boldsymbol{O}-\boldsymbol{B}_{\mathrm{O}}\boldsymbol{Q}+\boldsymbol{A}_{\mathrm{O}}\boldsymbol{R}$	$\boldsymbol{S}$	$\boldsymbol{S}+\boldsymbol{B}_{\mathrm{S}}\boldsymbol{Q}-\boldsymbol{A}_{\mathrm{S}}\boldsymbol{R}$

表 8-1 中，$\boldsymbol{Q}=\boldsymbol{Q}^{\mathrm{ch}}-\boldsymbol{Q}^{\mathrm{dis}}$，指储能设备的等效输出功率，该值大于 0 时，储能设备处于放能状态，反之，该值小于 0 时，储能设备处于充能状态。进一步地，将修正后 $\boldsymbol{P}$、$\boldsymbol{L}$、$\boldsymbol{O}$、$\boldsymbol{S}$ 代回式（8-2）～式（8-4），联立并消去矩阵 $\boldsymbol{O}$，可得考虑能源转换设备、新能源设备及储能设备的 EGC-EC 稳态功率平衡方程，表达式为

$$\begin{bmatrix} -\boldsymbol{C}_{\mathrm{PO}}\boldsymbol{\eta}+\boldsymbol{C}_{\mathrm{PS}} & -\boldsymbol{I}_{M} & \boldsymbol{C}_{\mathrm{PO}}\boldsymbol{B}_{\mathrm{O}}+\boldsymbol{C}_{\mathrm{PS}}\boldsymbol{B}_{\mathrm{S}}+\boldsymbol{B}_{\mathrm{P}} & -\boldsymbol{C}_{\mathrm{PO}}\boldsymbol{A}_{\mathrm{O}}-\boldsymbol{C}_{\mathrm{PS}}\boldsymbol{A}_{\mathrm{S}}-\boldsymbol{A}_{\mathrm{P}} \\ \boldsymbol{C}_{\mathrm{LO}}\boldsymbol{\eta}-\boldsymbol{C}_{\mathrm{LS}} & 0 & -\boldsymbol{C}_{\mathrm{LO}}\boldsymbol{B}_{\mathrm{O}}-\boldsymbol{C}_{\mathrm{LS}}\boldsymbol{B}_{\mathrm{S}}-\boldsymbol{B}_{\mathrm{L}} & \boldsymbol{C}_{\mathrm{LO}}\boldsymbol{A}_{\mathrm{O}}+\boldsymbol{C}_{\mathrm{LS}}\boldsymbol{A}_{\mathrm{S}}+\boldsymbol{A}_{\mathrm{L}} \\ \boldsymbol{D}_{\mathrm{O}}\boldsymbol{\eta}-\boldsymbol{D}_{\mathrm{S}} & 0 & -(\boldsymbol{D}_{\mathrm{O}}\boldsymbol{B}_{\mathrm{O}}+\boldsymbol{D}_{\mathrm{S}}\boldsymbol{B}_{\mathrm{S}}) & \boldsymbol{D}_{\mathrm{O}}\boldsymbol{A}_{\mathrm{O}}+\boldsymbol{D}_{\mathrm{S}}\boldsymbol{A}_{\mathrm{S}} \end{bmatrix}\begin{bmatrix} \boldsymbol{S} \\ \boldsymbol{P} \\ \boldsymbol{Q} \\ \boldsymbol{R} \end{bmatrix}=\begin{bmatrix} 0 \\ \boldsymbol{L} \\ 0 \end{bmatrix} \quad (8\text{-}7)$$

式（8-7）左端第一个矩阵为常系数矩阵，与能源转换设备稳态转换效率和连接拓扑相关。基于此，通过对 EGC-EC 内设备连接关系矩阵进行描述，即矩阵 $\boldsymbol{A}$、$\boldsymbol{B}$、$\boldsymbol{C}$、$\boldsymbol{D}$，由式（8-7）即可列写 EGC-EC 的稳态功率平衡方程，且表达式为线性。该做法简明、清晰并且具通用性，当 EGC-EC 内设备增添、删减时只需要对矩阵 $\boldsymbol{A}$、$\boldsymbol{B}$、$\boldsymbol{C}$、$\boldsymbol{D}$ 进行修正。

8.2　价格调控下能源负荷的时-空互动特性模型

价格调控下，能源负荷具有时间转移特性，主要指的是对于能源负荷中一类具有价格需求弹性的负荷，如电动汽车、热水器等非生产性负荷，可以根据能源价格从价格高的时段转移到价格低的时段，而不影响该类能源使用的总需求。

随着能源可替代性的增强，用户可选择不同种类的能源满足自身的用能需求。对于广泛终端用户来说，当其用能灵活性逐步提升时，用户将具有多样化的用能设备。这使得用户会根据自身效益（如能源价格、舒适度等）在不同种设备中做出选择，进而改变了实际用能的类别，实现了能源负荷需求在空间的转移。

能源负荷的时-空互动特性示意图如图 8-4 所示。

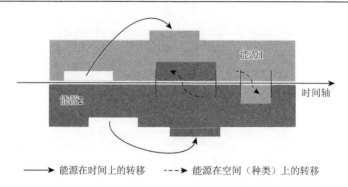

图 8-4　能源负荷的时-空互动特性

结合上述，对于任一能源负荷 L_n，在时刻 t 的需求可表示为

$$L_{n,t} = L_{B,n,t} + f_I(\Delta\rho_{n,t}) + f_{II}(\Delta\rho_{n,t}, \Delta\rho_{n',t}) \quad n' \in \mathscr{N}(n), n' \neq n \tag{8-8}$$

式中，集合 $\mathscr{N}(n)$ 指可以与能源负荷 n 相互转换的能源负荷；下标 t（$t = 1, 2, \cdots, T$）为第 t 个调度时段，T 为总调度时段；L_B 为与价格无关的刚性负荷需求；$\Delta\rho$ 为相对基准价格的价格变化量，为控制变量；$f_I(*)$ 为弹性负荷的需求量，只与本身的能源价格相关；$f_{II}(*)$ 为考虑能源负荷 n' 与 n 相互转换后的作用到 n 的能源需求量，与自身能源价格及可转换的能源价格相关。

进一步地，考虑式（8-8）中某些参量具有不确定性［如 L_B，$f_I(*)$ 和 $f_{II}(*)$ 里的不确定参量分别在 8.2.1 节和 8.2.2 节中指出］，这些不确定量可认为是服从一定分布的随机变量。这里将描述参数不确定性的随机变量离散为 W 个场景，场景生成采用拉丁超立方抽样方法实现，而场景缩减通过同步回代消除算法实现[3]。用下标 w（$w = 1, 2, \cdots, W$）表示第 w 个场景下的负荷，式（8-8）可进一步描述为

$$L_{n,t,w} = L_{B,n,t,w} + f_I(\Delta\rho_{n,t}) + f_{II}(\Delta\rho_{n,t}, \Delta\rho_{n',t}) \quad n' \in \mathscr{N}(n), n' \neq n \tag{8-9}$$

特殊地，当 w 为 0 时，表示随机变量均取期望值所形成的场景，称为期望场景。$F_I(*)$ 与 $f_{II}(*)$ 的具体模型下述。

8.2.1　基于价格弹性的弹性负荷需求模型

经济学中，常采用价格弹性系数表示某弹性负荷的价格变化率对该负荷需求变化率的影响，即对于任一弹性负荷，考虑其价格弹性后的负荷可以表示为

$$f_I(\Delta\rho_{n,t}) = L_{b1,n,t,w} + \Delta L_{n,t,w} = L_{b1,n,t,w} + \alpha_{n,t,w}\Delta\rho_{n,t} \tag{8-10}$$

式中，L_{b1} 为基准价格下弹性负荷的需求；ΔL 和 α 分别为价格变化后弹性负荷需求的变化量和价格弹性系数。由于 L_{b1} 和 α 是基于一定的统计分析获得，可以采用正态分布近似反映 L_{b1} 和 α 统计的不确定性并对其离散抽样为多个场景值。

再者，考虑到弹性负荷在调度周期内能源消费总量基本不变，故有

$$E\left(\sum_{t=1}^{T}\Delta L_{n,t,w}\right)=\sum_{t=1}^{T}\sum_{w=1}^{W}\mathcal{P}_{w}\Delta L_{n,t,w}=0 \tag{8-11}$$

式中，$E(*)$ 为期望值函数；$\mathcal{P}_{w}$ 为第 w 个场景的概率。进一步考虑价格调控约束，有

$$\Delta\rho_{n}^{\min}\leqslant\Delta\rho_{n,t}\leqslant\Delta\rho_{n}^{\max} \tag{8-12}$$

式中，$\Delta\rho^{\max}$、$\Delta\rho^{\min}$ 分别表示能源负荷价格调整的上、下限值。

8.2.2　基于离散选择模型的可替代能源负荷需求模型

1. 离散选择模型

离散选择模型是一种实用的市场消费者行为的数据统计分析方法，是研究消费者如何在多种不同的可替代商品中进行选择的一种有效理论[4]。该模型最早出现于 1860 年，是在费希纳（Fechner）研究动物条件二元反射的工作中提出，后被沃纳（Warner）等人引入并广泛应用于购置商品选择、交通工具选择、就业选择等经济决策领域中。离散选择模型的数学理论基础为随机效用理论（random utility theory），该理论利用效用函数作为评估消费者决策的依据，同时考虑了效用函数的可观测部分及不可观测部分，符合评估消费者决策行为的实际。

消费者对于任一备选项 τ（$\tau=1,2,\cdots,\Gamma$）的效用函数可以表示为

$$U_{\tau}^{*}=U_{\tau}+u_{\tau} \tag{8-13}$$

式中，U_{τ}^{*} 为消费者选择第 τ 个备选项的实际效用；U_{τ} 为可观测到的第 τ 个备选项的效用，为固定项，一般与成本相关；u_{τ} 为效用函数中不可观测部分，可以认为其为服从一定分布的随机项。

假设消费者总是以效用函数最大为行动准则对备选项进行选择，基于式（8-13），消费者选择第 τ 个备选项的概率 $\mathcal{P}_{\tau}$ 为

$$\begin{aligned}\mathcal{P}_{\tau}&=\mathcal{P}\left[U_{\tau}^{*}\geqslant U_{\tau'}^{*},\ \forall\tau'=1,2,\cdots,\Gamma,\tau'\neq\tau\right]\\&=\mathcal{P}\left[U_{\tau}+u_{\tau}\geqslant U_{\tau'}+u_{\tau'},\ \forall\tau'=1,2,\cdots,\Gamma,\tau'\neq\tau\right]\\&=\mathcal{P}\left[u_{\tau'}\leqslant u_{\tau}+U_{\tau}-U_{\tau'},\ \forall\tau'=1,2,\cdots,\Gamma,\tau'\neq\tau\right]\end{aligned} \tag{8-14}$$

进一步地，可认为随机变量 $u_1,u_2,\cdots,u_{\tau},\cdots,u_{\Gamma}$ 之间相互独立，且服从相同的分布，记随机变量 u_{τ} 的概率密度函数为 $f(u_{\tau})$。当 $f(u_{\tau})$ 为耿贝尔（Gumbel）分布时，推导出的 Logit 模型因具有表达式为显性、应用方便、求解速度快等优势而被广泛使用。因此本建模

采用 Logit 模型，具体地，若 $f(u_\tau)$ 服从参数为 $(0, \theta)$ 的 Gumbel 分布时（$\theta > 0$），由式（8-14）可推得消费者从 Γ 个备选项选择第 τ 个备选项的概率为[5]（证明过程见附录 C）

$$\mathcal{P}_\tau = \frac{\exp(\theta U_\tau)}{\sum\limits_{\tau=1}^{\Gamma} \exp(\theta U_\tau)} \tag{8-15}$$

式中，$\exp(*)$ 为指数函数；θ 为 Gumbel 分布中与方差相关的参数，它可以表征决策者对效用函数不可观测部分的把握程度。θ 越大，随机变量 u_τ 的方差越小，决策者对效用函数的评估更准确，$\theta \to \infty$ 时，$\mathcal{P}_1 = 1$（$\mathcal{P}_1$ 指选择第 1 个备选项的概率，$\mathcal{P}_1 = 1$ 即表明 100% 选择第一个备选项，可观测的效用函数最大）。

2. 可替代能源负荷需求模型

由 EGC-EC 的基本特性可知，价格调控下能源负荷在空间上转移的统计行为符合离散选择模型的基本理论，故可基于该理论建立能源负荷需求的空间转移特性模型。具体来看，EGC-EC 需求侧的用户统计行为以能源价格为效用函数的可观测量，能源价格越小，效用越大。则在时刻 t，使用能源负荷 n 的效用函数可观测量 $U_{n,t}$ 为

$$U_{n,t} = -\alpha_{(n \sim B)}(\rho_{B,n,t} + \Delta \rho_{n,t}) \tag{8-16}$$

式中，ρ_B 为能源负荷的基准价格，并且价格调控需满足式（8-12）的约束。考虑到相同需求下，能源负荷在不同类型进行转移时能耗可能不一致，式（8-16）中引入转换系数 $\alpha_{(n \sim B)}$，该系数表示折算到某种基准能源 B 时的转换系数。特别地，当基准能源选取该能源 n 时，α 为 1。假定折算到基准能源的可相互转移的能源负荷总量为 L_{b2}，基于式（8-15）和式（8-16），作用在能源负荷 n 的需求可表示为

$$f_{\mathrm{II}}(\Delta \rho_{n,t}, \Delta \rho_{n',t}) = \frac{\alpha_{(n \sim B)} L_{b2,t,w} \exp(\theta U_{n,t})}{\exp(\theta U_{n,t}) + \sum\limits_{\substack{n' \in \mathcal{N}(n) \\ n' \neq n}} \exp(\theta U_{n',t})} \tag{8-17}$$

式中，L_{b2} 亦具有不确定性，故对其离散抽样有多个场景值。

8.3　基于源-荷互动的电-气耦合能源中心优化调度模型

8.3.1　目标函数

以 EGC-EC 净收益最大为目标，其表达式为

$$\max \quad RE - CO \tag{8-18}$$

式中，RE 和 CO 分别为出售能源的期望收益和购能期望成本。其中，购能期望成本包括了日前购置能源费用和备用容量费用。RE 和 CO 表达为

$$
\begin{cases}
\mathrm{RE} = \displaystyle\sum_{t=1}^{T}\sum_{n=1}^{N}(\rho_{\mathrm{B},n,t}+\Delta\rho_{n,t})L_{n,t,0} \\
\mathrm{CO} = \displaystyle\sum_{t=1}^{T}\sum_{m=1}^{M}(C_{\mathrm{E},m,t}P_{m,t,0}+C_{\mathrm{Eup},m,t}P_{\mathrm{up},m,t}+C_{\mathrm{Edn},m,t}P_{\mathrm{dn},m,t})
\end{cases}
\tag{8-19}
$$

式中，C_{E}、C_{Eup}、C_{Edn} 分别为 EGC-EC 向上级能源系统购置的单位能源成本、上备用单位容量成本、下备用单位容量成本；P_{up}、P_{dn} 分别为上、下备用容量。

8.3.2　约束条件

除了式（8-9）～式（8-12）、式（8-16）和式（8-17）的能源负荷时-空特性约束外，EGC-EC 运行约束条件还有能源转换设备、储能设备、新能源设备的运行约束，以及与上级能源系统的功率交换约束、不同场景的功率下平衡约束、能源负荷峰谷差约束等。

1. 能源转换设备的运行约束

能源转换设备的运行约束主要为出力约束、爬坡约束，以及考虑不同抽样场景下能源转换设备的功率调节约束和场景爬坡约束，表示为

$$
\begin{cases}
S_{j}^{\min} \leqslant S_{j,t,0} \leqslant S_{j}^{\max} \\
-S_{j}^{\mathrm{down}} \leqslant S_{j,t,0}-S_{j,t-1,0} \leqslant S_{j}^{\mathrm{up}} \\
\max\left\{S_{j}^{\min}-S_{j,t,0},\ S_{j}^{\mathrm{down}}\right\} \leqslant \delta S_{j,t,w} \leqslant \min\left\{S_{j}^{\max}-S_{j,t,0},\ S_{j}^{\mathrm{up}}\right\} \\
-S_{j}^{\mathrm{down}} \leqslant (S_{j,t,0}+\delta S_{j,t,w})-(S_{j,t-1,0}+\delta S_{j,t-1,w}) \leqslant S_{j}^{\mathrm{up}}
\end{cases}
\tag{8-20}
$$

式中，$S^{\max}$、$S^{\min}$、S^{up}、S^{down} 分别为能源转换设备出力的上限值、下限值、功率上升速率限值、功率下降速率限值；δS 为抽样场景下能源转换设备相对于期望场景出力的调整量。特别地，若某能源转换设备不参与不确定场景下的功率平衡调节，则可置 $\delta S=0$。

2. 储能设备的运行约束

储能设备的运行约束主要为储能设备的充能、放能功率约束和储能设备所储存的能量约束。为避免储能设备在调度周期内频繁动作以及保证充放电功率在调度周期内平衡，不考虑储能设备参与不平衡功率的调节，储能设备的动作由日前调度出力决定。

$$
\begin{cases}
E_{h,t} = E_{h,t-1} + \psi_h^{\text{ch}} Q_{h,t}^{\text{ch}} - \dfrac{Q_{h,t}^{\text{dis}}}{\psi_h^{\text{dis}}} \\
E_h^{\min} \leqslant E_{h,t} \leqslant E_h^{\max} \\
E_{h,T} = E_{h,0} \\
0 \leqslant Q_{h,t}^{\text{ch}} \leqslant \varsigma_{h,t}^{\text{ch}} Q_h^{\text{ch,max}} \\
0 \leqslant Q_{h,t}^{\text{dis}} \leqslant \varsigma_{h,t}^{\text{dis}} Q_h^{\text{dis,max}} \\
\zeta_{h,t}^{\text{ch}} + \zeta_{h,t}^{\text{dis}} \leqslant 1
\end{cases}
\tag{8-21}
$$

式中，ζ^{ch} 和 ζ^{dis} 分别是反映储能设备充电和放电状态的逻辑变量；ψ^{ch} 和 ψ^{dis} 分别为储能设备充电和放电的效率；$Q^{\text{ch,max}}$ 和 $Q^{\text{dis,max}}$ 分别表示储能设备充电和放电功率的上限值；E 为储能设备的能量。

3. 新能源设备的运行约束

与 7.1 节提出的风电并网不确定建模方法相同，引入新能源并网功率比例因子 κ 来反映新能源接入的比例。其抽象表达式为

$$
\begin{cases}
R_{k,t} = f_{\text{R}}(\gamma_{k,t}, \kappa_{k,t} R_{\text{CAP}\,k}) \\
0 \leqslant \kappa_{k,t} \leqslant 1
\end{cases}
\tag{8-22}
$$

式中，R_{CAP} 为新能源设备的装机容量；γ 指决定新能源设备出力的变量，比如风速和光照强度，为随机变量；$f_{\text{R}}(*)$ 为新能源设备出力与 R_{CAP} 和 γ 之间的关系式。

4. 与上级能源系统的功率交换约束

与上级能源系统的功率交换约束包括期望场景下的功率交换约束和随机场景下的功率调节约束，表示为

$$
\begin{cases}
P_m^{\min} \leqslant P_{m,t,0} \leqslant P_m^{\max} \\
\max\left\{-P_{\text{dn},m,t}, P_m^{\min} - P_{m,t,0}\right\} \leqslant \delta P_{m,t,w} \leqslant \min\left\{P_{\text{up},m,t}, P_m^{\max} - P_{m,t,0}\right\}
\end{cases}
\tag{8-23}
$$

式中，δP 为抽样场景下相对期望场景的功率调整量。此外，受上级能源系统调节能力限制，式（8-23）中上、下备用容量还应满足：

$$
\begin{cases}
0 \leqslant P_{\text{up},m,t} \leqslant P_{\text{up},m,t}^{\max} \\
0 \leqslant P_{\text{dn},m,t} \leqslant P_{\text{dn},m,t}^{\max}
\end{cases}
\tag{8-24}
$$

式中，$P_{\text{up}}^{\max}$、$P_{\text{dn}}^{\max}$ 分别为上、下备用容量的最大限值。

5. 不同场景下的功率平衡约束

基于式（8-7），期望场景及抽样场景下的功率平衡方程表示为

$$\begin{cases} \boldsymbol{P}_{t,0} = [\boldsymbol{Z}_1 \quad \boldsymbol{Z}_2]\begin{bmatrix} \boldsymbol{S}_{t,0} \\ \boldsymbol{Q}_{t,0} \end{bmatrix} + \boldsymbol{Z}_3 \boldsymbol{R}_{t,0} \quad ① \\ \boldsymbol{Z}_6 \boldsymbol{R}_{t,0} = \boldsymbol{Z}_{\mathrm{E}} \boldsymbol{L}_{t,0} - [\boldsymbol{Z}_4 \quad \boldsymbol{Z}_5]\begin{bmatrix} \boldsymbol{S}_{t,0} \\ \boldsymbol{Q}_{t,0} \end{bmatrix} \quad ② \end{cases} \quad （8\text{-}25）$$

$$\begin{cases} \boldsymbol{P}_{t,0} + \delta\boldsymbol{P}_{t,w} = [\boldsymbol{Z}_1 \quad \boldsymbol{Z}_2]\begin{bmatrix} \boldsymbol{S}_{t,0} + \delta\boldsymbol{S}_{t,w} \\ \boldsymbol{Q}_{t,0} + \delta\boldsymbol{Q}_{t,w} \end{bmatrix} + \boldsymbol{Z}_3 \boldsymbol{R}_{t,w} \quad ① \\ \boldsymbol{Z}_6 \boldsymbol{R}_{t,w} = \boldsymbol{Z}_{\mathrm{E}} \boldsymbol{L}_{t,w} - [\boldsymbol{Z}_4 \quad \boldsymbol{Z}_5]\begin{bmatrix} \boldsymbol{S}_{t,0} + \delta\boldsymbol{S}_{t,w} \\ \boldsymbol{Q}_{t,0} + \delta\boldsymbol{Q}_{t,w} \end{bmatrix} \quad ② \end{cases} \quad （8\text{-}26）$$

式中，向量下标 t、w 和 0 分别指时段 t、第 w 个抽样场景和期望场景下向量的值；$\delta\boldsymbol{P} = [\delta P_1, \delta P_2, \cdots, \delta P_m, \cdots, \delta P_M]^{\mathrm{T}}$（$m = 1, 2, \cdots, M$）；$\delta\boldsymbol{S} = [\delta S_1, \delta S_2, \cdots, \delta S_j, \cdots, \delta S_J]^{\mathrm{T}}$（$j = 1, 2, \cdots, J$）；$\boldsymbol{Z}_1$、$\boldsymbol{Z}_2$、$\boldsymbol{Z}_3$、$\boldsymbol{Z}_4$、$\boldsymbol{Z}_5$、$\boldsymbol{Z}_6$、$\boldsymbol{Z}_{\mathrm{E}}$ 为常数矩阵，具体表达式如式（8-27）。

$$\begin{cases} \boldsymbol{Z}_1 = [-\boldsymbol{C}_{\mathrm{PO}}\boldsymbol{\eta} + \boldsymbol{C}_{\mathrm{PS}}], \quad \boldsymbol{Z}_2 = [\boldsymbol{C}_{\mathrm{PO}}\boldsymbol{B}_{\mathrm{O}} + \boldsymbol{C}_{\mathrm{PS}}\boldsymbol{B}_{\mathrm{S}} + \boldsymbol{B}_{\mathrm{P}}] \\ \boldsymbol{Z}_3 = [-\boldsymbol{C}_{\mathrm{PO}}\boldsymbol{A}_{\mathrm{O}} - \boldsymbol{C}_{\mathrm{PS}}\boldsymbol{A}_{\mathrm{S}} - \boldsymbol{A}_{\mathrm{P}}] \\ \boldsymbol{Z}_4 = \begin{bmatrix} \boldsymbol{C}_{\mathrm{LO}}\boldsymbol{\eta} - \boldsymbol{C}_{\mathrm{LS}} \\ \boldsymbol{D}_{\mathrm{O}}\boldsymbol{\eta} - \boldsymbol{D}_{\mathrm{S}} \end{bmatrix}, \quad \boldsymbol{Z}_5 = \begin{bmatrix} -\boldsymbol{C}_{\mathrm{LO}}\boldsymbol{B}_{\mathrm{O}} - \boldsymbol{C}_{\mathrm{LS}}\boldsymbol{B}_{\mathrm{S}} - \boldsymbol{B}_{\mathrm{L}} \\ -(\boldsymbol{D}_{\mathrm{O}}\boldsymbol{B}_{\mathrm{O}} + \boldsymbol{D}_{\mathrm{S}}\boldsymbol{B}_{\mathrm{S}}) \end{bmatrix} \\ \boldsymbol{Z}_6 = \begin{bmatrix} \boldsymbol{C}_{\mathrm{LO}}\boldsymbol{A}_{\mathrm{O}} + \boldsymbol{C}_{\mathrm{LS}}\boldsymbol{A}_{\mathrm{S}} + \boldsymbol{A}_{\mathrm{L}} \\ \boldsymbol{D}_{\mathrm{O}}\boldsymbol{A}_{\mathrm{O}} + \boldsymbol{D}_{\mathrm{S}}\boldsymbol{A}_{\mathrm{S}} \end{bmatrix}, \quad \boldsymbol{Z}_{\mathrm{E}} = \begin{bmatrix} \boldsymbol{I}_N \\ \boldsymbol{0} \end{bmatrix} \end{cases} \quad （8\text{-}27）$$

此外，由式（8-25）-②可推得，假设 $\boldsymbol{S}_{t,0}$、$\boldsymbol{Q}_{t,0}$ 不变（能源转换设备和储能设备出力给定），若存在需求侧响应可对 $\boldsymbol{L}$ 进行改变，为满足等式平衡，等式（8-25）-②左端应改变 $\boldsymbol{R}_{t,0}$ 来获得同样的改变量。该特性说明，考虑需求侧响应后，通过合理调节响应机制获得响应量，可有效改善可再生能源和能源负荷需求的匹配程度，增加可再生能源接入容量。

6. 能源负荷峰谷差约束

从能源负荷响应特性来看，多能流耦合下能源在不同种类之间具有相互转换的特性，为避免相互转换后造成形成更大的峰谷差，调控需满足峰谷差约束。

对既定的 n，w，有

$$\max L_{n,t,w} - \min L_{n,t,w} \leqslant \{\max L_{n,t,w} - \min L_{n,t,w} \mid \Delta\rho_{n,t} = 0\} \qquad \forall n, w \quad （8\text{-}28）$$

式中，左、右端分别为价格调控后、前的能源负荷峰谷差的表达式。

8.3.3　广义需求模型

广义需求模型指的是 EGC-EC 这类广义负荷节点相对于上级能源网络的负荷需求模型。对于上级能源网络来说，其主要关心交互功率的期望值以及考虑系统不确定之后交互功率的变化区间值。

结合 8.3.1 节和 8.3.2 节的模型，广义需求计算模型为

$$\begin{cases} P_{m,t,0} = \underset{P_{m,t,0}, P_{\mathrm{dn},m,t}, P_{\mathrm{up},m,t}}{\mathrm{Arg\,max}} \quad \mathrm{RE-CO} \\ [P_{\mathrm{dn},m,t}, P_{\mathrm{up},m,t}] = \underset{P_{m,t,0}, P_{\mathrm{dn},m,t}, P_{\mathrm{up},m,t}}{\mathrm{Arg\,max}} \quad \mathrm{RE-CO} \end{cases} \tag{8-29}$$

s.t. 式（8-9）～式（8-12）、式（8-16）～式（8-17）、式（8-20）～式（8-26）、式（8-28）

可见，当 8.3.1 节和 8.3.2 节的调度模型获得结果时，式（8-29）即可直接获得。

8.4　基于广义 Benders 算法的模型求解

8.4.1　模型的 Benders 分解格式

广义 Benders 算法是求解复杂非线性优化问题的一种分解算法。它的基本思想是将一个复杂的优化问题分解为一个主问题和若干个子问题，并根据子问题求解的对偶信息在主问题中形成 Benders 割优化约束进行迭代求解。8.3 节建立的模型为混合整数非线性规划模型，其中非线性项主要为能源负荷模型的表达式，不确定场景数的增加将增加模型求解的复杂性。基于广义 Benders 算法的基本思想，将能源负荷需求 $L_{n,t,w}$、价格调控 $\Delta\rho_{n,t}$ 视为复杂变量，并搭建具有 Benders 分解结构的主、子优化问题。具体地，8.3 节构建的优化调度模型可表达为

$$\underset{\substack{\{S_{j,t,0}, \delta S_{j,t,w}, E_{h,t}, Q_{h,t}^{\mathrm{ch}}, Q_{h,t}^{\mathrm{dis}}, \zeta_{h,t}^{\mathrm{ch}}, \zeta_{h,t}^{\mathrm{dis}}, \\ \kappa_{k,t}, P_{m,t,0}, \delta P_{m,t,w}, P_{\mathrm{dn},m,t}, P_{\mathrm{up},m,t}\}, \\ \{L_{n,t,w}, \Delta\rho_{n,t}\}}}{\min} \quad \mathrm{CO-RE} \tag{8-30}$$

s.t. 式（8-9）～式（8-12）、式（8-16）～式（8-17）、式（8-20）～式（8-26）、式（8-28）

式（8-30）称为原问题，为混合整数非线性规划问题。若给定复杂变量 $L_{n,t,w}$、$\Delta\rho_{n,t}$ 的取值，基于广义 Benders 算法，可构造原问题的优化子问题为

$$\underset{\substack{S_{j,t,0}, \delta S_{j,t,w}, E_{h,t}, Q_{h,t}^{\mathrm{ch}}, Q_{h,t}^{\mathrm{dis}}, \zeta_{h,t}^{\mathrm{ch}}, \zeta_{h,t}^{\mathrm{dis}}, \\ \kappa_{k,t}, P_{m,t,0}, \delta P_{m,t,w}, P_{\mathrm{dn},m,t}, P_{\mathrm{up},m,t}}}{\min} \quad \mathrm{CO} \tag{8-31}$$

s.t.　式（8-20）～式（8-26）

子问题式（8-31）为一混合整数线性规划问题。当子问题完成求解时，需返回一系列 Benders 割作为约束添加到主问题中。通过主问题的求解不断修正复杂变量，最终获得原问题的解。主问题的表达形式为

$$\min_{L_{n,t,w},\ \Delta\rho_{n,t}} \quad -\text{RE}+C_{\text{cut}}$$

$$\text{s.t. 式（8-9）～式（8-12）、式（8-16）～式（8-17）、式（8-28）} \qquad (8\text{-}32)$$

$$\text{s.t. Benders 割}$$

式中，C_{cut} 为辅助变量；Benders 割与子问题中含复杂变量的约束相关，即约束式（8-25）-②与式（8-26）-②。基于优化问题的对偶理论，第 p 次迭代时，由子问题优化结果产生的 Benders 割为

$$C_{\text{cut}} \geqslant \text{CO}(\vartheta)+\boldsymbol{\lambda}_1^{\text{T}}(\vartheta)\left\{\boldsymbol{Z}_{\text{E}}\boldsymbol{L}_{t,0}-\begin{bmatrix}\boldsymbol{Z}_4 & \boldsymbol{Z}_5\end{bmatrix}\begin{bmatrix}\boldsymbol{S}_{t,0}(\vartheta)\\\boldsymbol{Q}_{t,0}(\vartheta)\end{bmatrix}-\boldsymbol{Z}_6\boldsymbol{R}_{t,0}(\vartheta)\right\}$$

$$+\boldsymbol{\lambda}_2^{\text{T}}(\vartheta)\left\{\boldsymbol{Z}_{\text{E}}\boldsymbol{L}_{t,w}-\begin{bmatrix}\boldsymbol{Z}_4 & \boldsymbol{Z}_5\end{bmatrix}\begin{bmatrix}\boldsymbol{S}_{t,0}(\vartheta)+\delta\boldsymbol{S}_{t,w}(\vartheta)\\\boldsymbol{Q}_{t,0}(\vartheta)+\delta\boldsymbol{Q}_{t,w}(\vartheta)\end{bmatrix}-\boldsymbol{Z}_6\boldsymbol{R}_{t,w}(\vartheta)\right\} \quad (8\text{-}33)$$

$$\vartheta=1,2,\cdots,p$$

式中，$\boldsymbol{S}_{t,0}(\vartheta)$、$\boldsymbol{Q}_{t,0}(\vartheta)$、$\boldsymbol{R}_{t,0}(\vartheta)$、$\delta\boldsymbol{S}_{t,w}(\vartheta)$、$\delta\boldsymbol{Q}_{t,w}(\vartheta)$、$\boldsymbol{R}_{t,w}(\vartheta)$ 为第 ϑ 次迭代时子问题的最优解；$\text{CO}(\vartheta)$ 为第 ϑ 次迭代时子问题的最优值；$\boldsymbol{\lambda}_1(\vartheta)$、$\boldsymbol{\lambda}_2(\vartheta)$ 为对应约束的 KKT 乘子。

8.4.2　基于广义 Benders 算法的模型求解流程

式（8-31）～式（8-33）给出了模型 Benders 分解格式的主问题、子问题及子问题优化结果所形成的 Benders 割。广义 Benders 算法求解的基本流程为，迭代初始时设原问题目标函数下界 UL $=-\infty$，上界 UB $=+\infty$。初始化复杂变量，首先对式（8-31）的子问题进行求解，获得子问题的优化结果后更新目标函数的上界，并将子问题优化求解的信息形成 Benders 割添加到主问题中。进一步，对式（8-32）的主问题进行求解，获得主问题的优化结果后更新目标函数的下界。重复上述步骤，经过有限次迭代后，上下界趋于一致，获得最优解。收敛判据为（ε_{B} 为收敛精度）

$$\left|\frac{\text{UB}-\text{UL}}{\text{UB}}\right|\leqslant\varepsilon_{\text{B}} \qquad (8\text{-}34)$$

综上，基于广义 Benders 算法对原问题式（8-30）进行求解的流程图如图 8-5 所示。

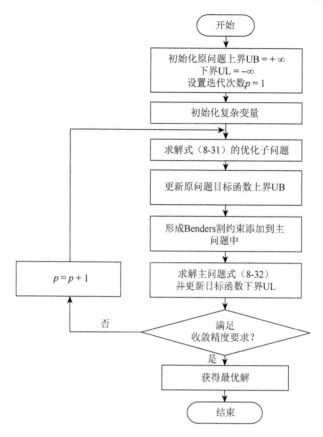

图 8-5　广义 Benders 算法的求解流程图

8.5　算 例 分 析

采用的算例基于文献[6]的能源集线器模型，对其进行适当拓展，构建具有多种能源形式（电、气、热等）的 EGC-EC 模型，如图 8-6 所示。图 8-6 中能源转换设备、储能设备的效率及设备参数见附录 B.3。图 8-7 为能源负荷参考价格［90 美元/(MW·h)］下的能源负荷以及风电出力的预测值。能源负荷预测值误差服从正态分布，均值为 0，方差为预测值的 5%。风速参数为切入风速 3 m/s，额定风速 12 m/s，切出风速 25 m/s，装机容量 18 MW，风速概率分布方差取期望值 10%，缩减后的场景个数取 100。

图 8-8 为 EGC-EC 的电力和天然气价格曲线。各能源负荷均有 10%为弹性负荷，子区域 2 的电负荷和气负荷各有 5%为可相互替代的负荷。电负荷弹性系数取–0.06(MW·h)²/美元，气、热荷弹性系数取–0.05(MW·h)²/美元。子区域 2 的电负荷有 10%为可与该区域气负荷相互替代，以电负荷为基准，气负荷折算到电负荷系数 α 为 1.1，θ 取 0.8。价格调控上下限取±15 美元/(MW·h)。

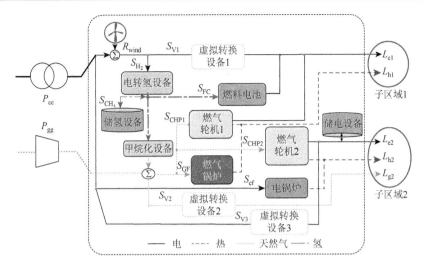

图 8-6　EGC-EC 仿真模型结构

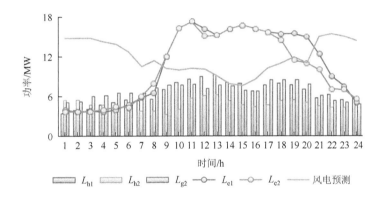

图 8-7　参考价格下风电预测出力和负荷需求（后附彩图）

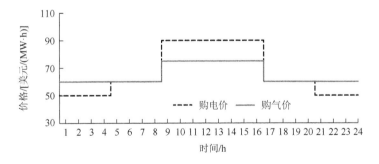

图 8-8　EGC-EC 的电力和天然气价格

8.5.1　建模方法示例

基于 8.1 节所述通用性建模方法，对 EGC-EC 输入输出端口主要变量，定义

$$P = [P_{ee}, P_{gg}]^T, \quad L = [L_{e1}, L_{h1}, L_{e2}, L_{h2}, L_{g2}]^T \tag{8-35}$$

式中，下标 ee、e1、e2 表示电能；h1、h2 分别表示热能；gg、g2 表示天然气。由拓扑结构可知，电能从输入端到 L_{e1}、L_{e2}，天然气从输入端到 L_{g2} 均存在一通路不经过能源转换器，故需要增加虚拟转换设备，具体如图 8-6 所示。

对 EGC-EC 内部，定义能源转换设备、储能设备输入输出向量以及新能源（指风电）设备的出力向量为

$$S = [S_{H_2}, S_{CH_4}, S_{FC}, S_{CHP1}, S_{CHP2}, S_{GF}, S_{ef}, S_{V1}, S_{V2}, S_{V3}]^T \tag{8-36}$$

$$O = [O_{H_2}, O_{CH_4}, O_{FC}, O_{CHP11}, O_{CHP12}, O_{CHP21}, O_{CHP22}, O_{GF}, O_{ef}, O_{V1}, O_{V2}, O_{V3}]^T \tag{8-37}$$

$$Q^{ch} = [Q_{sH}^{ch}, Q_{se}^{ch}]^T, \quad Q^{dis} = [Q_{sH}^{dis}, Q_{se}^{dis}]^T, \quad Q = [Q_{sH}^{ch} - Q_{sH}^{dis}, Q_{se}^{ch} - Q_{se}^{dis}] \tag{8-38}$$

$$R = [R_{wind}] \tag{8-39}$$

式中，对于 S 和 O 的下标，H2、CH4、FC、CHP1/CHP2、GF、ef、V1/V2/V3 所指代的设备分别为电转氢设备、甲烷化设备、燃料电池、第 1/2 台燃气轮机、燃气锅炉、电锅炉、虚拟转换设备 1/2/3；CHP11、CHP21 分别指第 1、2 台燃气轮机的气转电出口；CHP12、CHP22 指第 1、2 台燃气轮机气转热出口；Q^{ch} 与 Q^{dis} 下标 sH、se 分别指储氢设备、储电设备；R_{wind} 为风电场。结合能源转换设备稳态转换效率矩阵 η 的定义，该矩阵 η 表示为

$$\eta = \begin{bmatrix} \eta_{H_2} & 0 & 0 & 0 & 0 & 0 & 0 & 0 & 0 & 0 \\ 0 & \eta_{mc} & 0 & 0 & 0 & 0 & 0 & 0 & 0 & 0 \\ 0 & 0 & \eta_{fce} & 0 & 0 & 0 & 0 & 0 & 0 & 0 \\ 0 & 0 & 0 & \eta_{che1} & 0 & 0 & 0 & 0 & 0 & 0 \\ 0 & 0 & 0 & \eta_{cht1} & 0 & 0 & 0 & 0 & 0 & 0 \\ 0 & 0 & 0 & 0 & \eta_{che2} & 0 & 0 & 0 & 0 & 0 \\ 0 & 0 & 0 & 0 & \eta_{cht2} & 0 & 0 & 0 & 0 & 0 \\ 0 & 0 & 0 & 0 & 0 & \eta_{gf} & 0 & 0 & 0 & 0 \\ 0 & 0 & 0 & 0 & 0 & 0 & \eta_{ef} & 0 & 0 & 0 \\ 0 & 0 & 0 & 0 & 0 & 0 & 0 & \eta_{V1} & 0 & 0 \\ 0 & 0 & 0 & 0 & 0 & 0 & 0 & 0 & \eta_{V2} & 0 \\ 0 & 0 & 0 & 0 & 0 & 0 & 0 & 0 & 0 & \eta_{V3} \end{bmatrix} \tag{8-40}$$

上述矩阵中，η_{H_2}、η_{mc} 及 η_{fce} 分别为电转氢设备、甲烷化设备及燃料电池的转换效率；η_{che1}、η_{che2} 及 η_{cht1}、η_{cht2} 分别为第 1、2 台燃气轮机的气转电效率及气转热效率；η_{gf}、η_{ef} 分别为燃气锅炉、电锅炉的效率；η_{V1}、η_{V2}、η_{V3} 分别为三个虚拟转换设备的转换效率，取 100%。

进一步地，能源转换设备的位置矩阵 C 描述为

$$C = \begin{bmatrix} -C_{PO} & C_{PS} \\ \hline C_{LO} & -C_{LS} \end{bmatrix}$$

$$= \begin{bmatrix} 0 & 0 & 0 & 0 & 0 & 0 & 0 & 0 & 0 & 0 & 0 & 0 & 0 & 1 & 0 & 0 & 0 & 0 & 0 & 1 & 1 & 0 & 1 \\ 0 & -1 & 0 & 0 & 0 & 0 & 0 & 0 & 0 & 0 & 0 & 0 & 0 & 0 & 0 & 0 & 1 & 1 & 1 & 0 & 0 & 1 & 0 \\ \hline 0 & 0 & 1 & 1 & 0 & 0 & 0 & 0 & 0 & 1 & 0 & 0 & 0 & 0 & 0 & 0 & 0 & 0 & 0 & 0 & 0 & 0 & 0 \\ 0 & 0 & 0 & 0 & 1 & 0 & 0 & 1 & 0 & 0 & 0 & 0 & 0 & 0 & 0 & 0 & 0 & 0 & 0 & 0 & 0 & 0 & 0 \\ 0 & 0 & 0 & 0 & 0 & 1 & 0 & 0 & 0 & 0 & 0 & 1 & 0 & 0 & 0 & 0 & 0 & 0 & 0 & 0 & 0 & 0 & 0 \\ 0 & 0 & 0 & 0 & 0 & 0 & 1 & 0 & 1 & 0 & 0 & 0 & 0 & 0 & 0 & 0 & 0 & 0 & 0 & 0 & 0 & 0 & 0 \\ 0 & 0 & 0 & 0 & 0 & 0 & 0 & 0 & 0 & 0 & 1 & 0 & 0 & 0 & 0 & 0 & 0 & 0 & 0 & 0 & 0 & 0 & 0 \end{bmatrix} \quad (8\text{-}41)$$

对于由电转氢设备、甲烷化设备及燃料电池组成的串级转换设备，位置矩阵 D 为

$$D = [D_O \mid D_S] = [1\ 0\ 0\ 0\ 0\ 0\ 0\ 0\ 0\ 0\ 0\ 0\ 0\ 0 \mid 0\ 1\ 1\ 0\ 0\ 0\ 0\ 0\ 0\ 0] \quad (8\text{-}42)$$

而新能源设备、储能设备分别对应的位置矩阵 A、B 表示为

$$\begin{cases} A = \begin{bmatrix} A_O^T \mid A_S^T \mid A_P^T \mid A_L^T \end{bmatrix}^T \\ A_O^T = \mathbf{0}_{1\times12}, A_S^T = \mathbf{0}_{1\times10}, A_P^T = [1\ \ 0], A_L^T = \mathbf{0}_{1\times5} \end{cases} \quad (8\text{-}43)$$

$$\begin{cases} B = \begin{bmatrix} B_O^T \mid B_S^T \mid B_P^T \mid B_L^T \end{bmatrix}^T \\ B_O^T = \begin{bmatrix} 1 & 0 & 0 & 0 & 0 & 0 & 0 & 0 & 0 & 0 & 0 & 0 & 0 \\ 0 & 0 & 0 & 0 & 0 & 0 & 0 & 0 & 0 & 0 & 0 & 0 & 0 \end{bmatrix}, B_L^T = \begin{bmatrix} 0 & 0 & 0 & 0 & 0 \\ 0 & 0 & 1 & 0 & 0 \end{bmatrix}, \\ B_S^T = \mathbf{0}_{2\times10}, B_P^T = \mathbf{0}_{2\times2} \end{cases} \quad (8\text{-}44)$$

综上，将矩阵 A、B、C、D 及效率矩阵 η 代入式（8-7），可得功率平衡方程为

$$\begin{bmatrix} 0 \\ 0 \\ L_{e1} \\ L_{h1} \\ L_{e2} \\ L_{h2} \\ L_{g2} \\ 0 \end{bmatrix} = \begin{bmatrix} 1 & 0 & 0 & 0 & 0 & 0 & 1 & 1 & 0 & 1 & -1 & 0 & 0 & 0 & -1 \\ 0 & -\eta_{mc} & 0 & 1 & 1 & 1 & 0 & 0 & 1 & 0 & 0 & -1 & 0 & 0 & 0 \\ 0 & 0 & \eta_{fce} & \eta_{che1} & 0 & 0 & 0 & \eta_{V1} & 0 & 0 & 0 & 0 & 0 & 0 & 0 \\ 0 & 0 & 0 & \eta_{cht1} & 0 & \eta_{gf} & 0 & 0 & 0 & 0 & 0 & 0 & 0 & 0 & 0 \\ 0 & 0 & 0 & 0 & \eta_{che2} & 0 & 0 & 0 & \eta_{V3} & 0 & 0 & 0 & -1 & 0 & 0 \\ 0 & 0 & 0 & 0 & \eta_{cht2} & 0 & \eta_{ef} & 0 & 0 & 0 & 0 & 0 & 0 & 0 & 0 \\ 0 & 0 & 0 & 0 & 0 & 0 & 0 & 0 & \eta_{V2} & 0 & 0 & 0 & 0 & 0 & 0 \\ \eta_{H_2} & -1 & -1 & 0 & 0 & 0 & 0 & 0 & 0 & 0 & 0 & 0 & -1 & 0 & 0 \end{bmatrix} \begin{bmatrix} S_{H_2} \\ S_{CH_4} \\ S_{FC} \\ S_{CHP1} \\ S_{CHP2} \\ S_{GF} \\ S_{EF} \\ S_{V1} \\ S_{V2} \\ S_{V3} \\ P_{ee} \\ P_{gg} \\ Q_{sH}^{ch} - Q_{sH}^{dis} \\ Q_{se}^{ch} - Q_{se}^{dis} \\ R_{wind} \end{bmatrix}$$

$$(8\text{-}45)$$

8.5.2 源-荷互动下的优化调度结果分析

1. EGC-EC 内各设备调度出力情况

图 8-9 给出了 EGC-EC 内能源转换设备、储能设备在预测场景下的优化调度结果。

由于 EGC-EC 内能源转换设备、储能设备的存在,能源负荷的需求与供给可实现时-空的解耦,并实现多能互补优化。图 8-9 的优化结果分析如下。

对于子区域 1 的负荷需求:在 L_{e1} 处于低谷、风电富余时(如 $1\sim8$ h),L_{e1} 的需求主要由风电满足。同时,电转氢设备、储氢设备、甲烷化设备工作以吸收富余且廉价的风电,以储存备用或天然气形式传输。而在 L_{e1} 高峰时段,风电和释放氢气用以燃料电池发电仍不满足 L_{e1} 的需求。此时,由于购气价相比购电价便宜,则燃气轮机 1 工作供电。由于燃气轮机容量约束的存在,在 L_{e1} 较高的某些时段仍需通过外购较高电价的电力用以满足 L_{e1} 需求。热

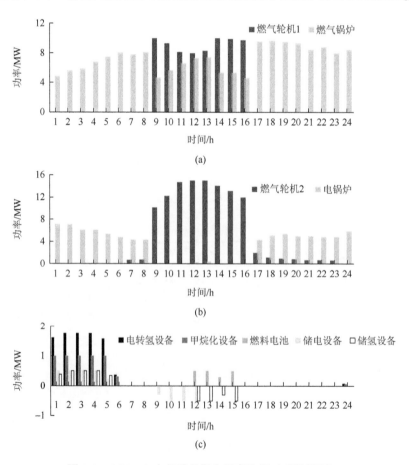

图 8-9 EGC-EC 内各设备优化调度结果(后附彩图)

负荷 L_{h1} 主要由燃气轮机 1 和燃气锅炉提供并形成互补。与燃气轮机相比，燃气锅炉产热效率高，故热负荷本应主要由燃气锅炉提供。但当 L_{e1} 的需求由燃气轮机 1 供给时，可将余热供给 L_{h1}，此时可减少燃气锅炉的出力（如 10～15 h）。而当燃气轮机 1 停机时，由燃气锅炉启动供热。

对于子区域 2 的能源负荷需求：上级电网供电、燃气轮机 2、电储能及电锅炉之间进行互补满足 L_{e2}、L_{h2} 的需求。其中，电储能主要在电负荷低谷时段储存廉价的电能（如风电）并在电负荷高峰时段释放。燃气轮机 2 和电锅炉的动作规律与燃气轮机 1 和燃气锅炉动作规律相似。L_{g2} 的来源途径有外购天然气、电转氢并甲烷化而获得的天然气。

在电负荷低谷，风电富余时段，多余的电力转化而来的天然气成本较低，故经由此承担部分天然气负荷。但受电转氢设备和甲烷化设备容量限制，仍需外购天然气来满足天然气负荷的需求。在风电不富余的时段，天然气外购价格相比外购电便宜，且无经过能源转换设备带来的损耗，故此时天然气负荷由外购天然气满足。

图 8-10 给出了 EGC-EC 外购电、外购气及风电的消纳曲线，可看出该系统中风电基本消纳。就外购电、气波动区间总趋势而言，由于 EGC-EC 内不同能源转换设备提供的备用调整功率最终来源于上级能源系统，而优化结果趋于在外部供电备用价格较高时，由外部供气提供备用（如 9～16 h）；反之外部供电备用价格低时，则由供电提供备用。外购电、气的波动区间可以作为上级能源系统的负荷取值参考。

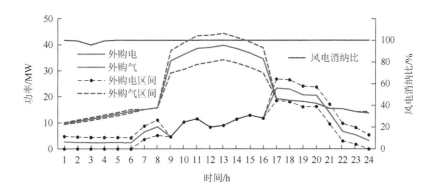

图 8-10　EGC-EC 外购能源及风电消纳曲线（后附彩图）

2. 最优售能价格曲线

上述基于仿真结果阐述了在既定的能源负荷需求下，如何充分利用 EGC-EC 内的设备，实现能源购置成本最小化以实现收益的最大化。而图 8-11 给出了能源负荷的最优定价策略，是从负荷侧的角度进一步挖掘系统的优化潜力来实现 EGC-EC 的最大化收益。

由价格弹性的特性可知，对于具有价格弹性的负荷，抬高能源售价会使负荷需求降低。反之，降低能源售价将增加负荷需求。由于售能收益为售价与需求量的乘积，在售价与需求量成反比的关系下，售能收益最大化是售价与需求量相互作用的结果。

从图 8-11 的结果看，当能源售价未逼近上限时，能源售价的变化趋势与参考价格下的负荷变化趋势相同。即当负荷需求较低时，可以通过降低能源售价，提升需求以获得更大售能收益。反之，当负荷需求较高时，适当提升能源售价，降低能源的需求，也有利于售能收益的提高。此外，由 8.2 节的分析可知，对于可转换的能源负荷，可根据不同的能源价格选取，进行能源替代，能源替代的效果将在 8.5.3 节的分析中给出。

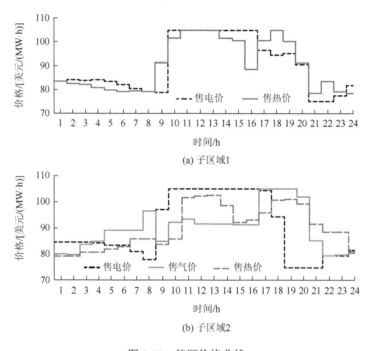

图 8-11　能源价格曲线

3. 广义 Benders 算法的计算效果

计算硬件环境为 Inter(R)Core(TM) i3-4150 CPU，3.50 GHz，16 GB RAM。设收敛间隙 ε_B 为 10^{-6}，表 8-2 给出了不同随机场景值下采用广义 Benders 算法和集中式算法的计算效果对比。其中，集中式算法、广义 Benders 算法的主问题和子问题均采用 GAMS 调用 DICOPT 求解器求解。

由表 8-2 的计算结果可知，广义 Benders 算法经过若干次迭代后收敛，收敛时的目标函数值与采用集中式算法计算相当，并且随着场景数的增加，目标函数的变化减小并趋于平缓。目标函数趋于平缓的原因是当输入场景数大于某一数值时，其场景数已能较好地代表系统不确定程度的波动范围。此外，随着输入场景数的增加，广义 Benders 算法在计算时间上有优势，其主要原因是在广义 Benders 算法中，场景数主要影响子问题的规模。在同样的规模增长下，混合整数非线性规划（MINLP）模型要比混合整数线性规划（MILP）模型耗时多，且规模越大，MINLP 耗时增长得越快。

表 8-2　集中式算法与广义 Benders 算法的计算效果对比

场景数	算法	目标函数/美元	计算时间/s	迭代次数/次
50	集中式	30 487.2	57.17	—
	广义 Benders	30 487.2	15.46	5
100	集中式	30 076.6	150.58	—
	广义 Benders	30 076.6	26.53	8
150	集中式	29 908.3	287.01	—
	广义 Benders	29 908.3	40.03	10
200	集中式	29 892.5	487.83	—
	广义 Benders	29 892.5	65.37	13

8.5.3　荷端不同互动特性对优化结果的影响

基于 8.2 节所述，价格调控下，能源负荷可实现时-空的转移，实现与系统调控设备的友好互动。为对比不同互动特性模型对调度结果的影响，本节设置三种不同场景进行对比分析，三种场景设置如下。

场景 1：不考虑能源价格的调控，能源负荷按参考价格下的能源需求给定；

场景 2：仅考虑能源弹性负荷参与调控，实现能源负荷在时间轴的转移；

场景 3：采用 8.5.1 节仿真所用的模型，即考虑弹性负荷和可转移负荷参与调控，实现能源负荷在时间、空间的转移。

表 8-3 给出了不同场景下 EGC-EC 的净收益、各能源负荷的峰谷差、能源负荷的购能成本及风电消纳比。

表 8-3　不同场景的优化结果

场景	峰谷差/MW					EGC-EC 净收益/美元	负荷购能成本/美元		风电消纳比/%
	L_{e1}	L_{h1}	L_{e2}	L_{h2}	L_{g2}		子区域 1	子区域 2	
场景 1	13.70	5.92	13.71	2.99	3.67	23 449	35 692	46 464	98.2
场景 2	12.44	4.84	12.45	2.44	2.44	31 366	37 819	48 663	99.7
场景 3	12.44	4.84	11.15	2.44	3.27	30 077	37 819	48 538	99.8

如表 8-3 所示，相比不考虑价格调控（场景 1），将能源负荷作为一种可控资源后（场景 2 和场景 3），EGC-EC 的净收益将有所提高，同时有利于减少能源负荷峰谷差，并提高风电消纳比。从对负荷特性改变的效果看，场景 1 不考虑能源价格的调控，故能源负荷的特性没有发生改变。对比场景 2 和场景 3 可知，子区域 1 中由于不考虑不同能源之间的替代特性，因此场景 2 和场景 3 中子区域 1 对负荷特性的改善程度相同，均利用弹性负荷的特性，减少了能源负荷的峰谷差。而子区域 2 中，由于考虑了电负荷和气负荷之间的转移，场景 2 和场景 3 对能源负荷峰谷差特性改变不一致。具体来看，场景 3 对电负荷峰谷差的降低程度高于场景 2，而对气负荷峰谷差的改善程度却相反。这一方面是弹性负荷的作用结果，另一方面是可替代负荷的作用结果，其将一部分电负荷转移到了气负荷。图 8-12 给出了不同场景下子区域 2 的电、气负荷变化曲线。

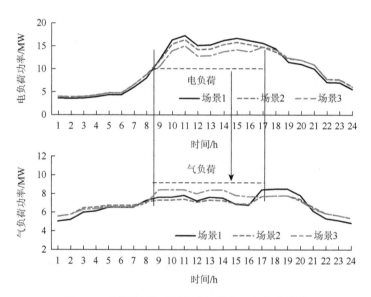

图 8-12　不同场景下子区域 2 的电、气负荷曲线

此外，从子区域负荷的购能成本看，场景 3 中子区域 2 的购能成本比场景 2 低，这是因为用户趋向于选择能源价格低的可替代能源满足用能需求。可见，场景 3 中考虑能源负荷的可替代性更加符合用户实际行为，可降低用户购能成本。

8.6　本 章 小 结

基于各设备连接关系矩阵，提出了电-气耦合能源中心（EGC-EC）稳态功率平衡方程的通用性建模方法。引入负荷的价格弹性及离散选择理论，建立了价格调控下能源负荷时-空互动特性模型，并以 EGC-EC 净收益最大化为目标，建立了 EGC-EC 日前优化调度模型。同时，给出了 EGC-EC 相对于 IEGN 的广义需求模型，用以等值计算 IEGN 的广义能源负荷节点的能源需求。算例仿真表明：

（1）所提 EGC-EC 稳态功率平衡方程建模方法简明、清晰，对复杂系统的建模具有通用性，便于计算机编程实现。

（2）充分利用价格调控下弹性负荷的价格弹性、可转移负荷的替代特性，在最大化 EGC-EC 净收益之余，有利于减小负荷峰谷差和提高新能源消纳能力，深度挖掘 EGC-EC 的优化潜力。而考虑负荷的可替代性更加符合用户实际行为，反映了价格调控下用户通过可替代能源的选择降低自身购能成本的市场行为。

（3）利用广义 Benders 算法分离模型的复杂变量，在简化求解混合整数非线性规划问题的计算效率方面具有优势。与集中式算法对比，验证了广义 Benders 算法的准确性。

参 考 文 献

[1] 陈泽兴，张勇军，许志恒，等. 计及需求价格弹性的区域能源中心建模与日前优化调度[J]. 电力系统自动化，2018，42（12）：27-35.

[2] 张勇军，林晓明，许志恒，等. 基于弱鲁棒优化的微能源网调度方法[J]. 电力系统自动化，2018，42（14）：75-82.

[3] Morales J M，Pineda S，Conejo A J，et al. Scenario reduction for futures market trading in electricity markets[J]. IEEE Transactions on Power Systems，2009，24（2）：878-888.

[4] Chen Z X，Zhang Y J，Tang W H，et al. Generic modelling and optimal day-ahead dispatch of micro-energy system considering the price-based integrated demand response[J]. Energy，2019，176：171-183.

[5] 陈泽兴，张勇军，陈伯达，等. 广义价格型需求侧响应下区域能源中心日前最优经济调度[J]. 中国电机工程学报，2020，40（6）：1873-1885.

[6] 陈沼宇，王丹，贾宏杰，等. 考虑 P2G 多源储能型微网日前最优经济调度策略研究[J]. 中国电机工程学报，2017（11）：3067-3077.

第9章 电-气互联系统协同运行的利益博弈 及其市场均衡分析

电-气耦合能源中心（EGC-EC）作为 IEGS 广义能源负荷节点，其相对独立，可结合 8.3.3 节的广义需求模型可独立建模并等值计算其负荷需求，进而实现 EGC-EC 与上级 IEGN 的功率协同。而在以燃气轮机和电转气设备实现耦合的 IEGN 中，所提调度模型的 耦合能源成本主要由外购能源边际成本决定。随着市场管制的逐渐放松，当电网和天然 气管网对两者交互的大型供能设备（燃气轮机和 P2G 设备）存在能流定价权时，耦合能 流价格的确定存在市场博弈行为进而将对耦合能流产生影响。

9.1 电-气互联系统协同运行的利益博弈框架

对于 IEGS 中多能流的耦合，根据上、下能源层级可以分解为多个电-气耦合能源中 心（EGC-EC）及其上级 IEGN。基于此，考虑电网、天然气管网以及 EGC-EC 作为相对 独立运行的主体，本节提出 IEGS 协同运行的利益博弈框架包括了上下级能流等值分解、 同级能流互济、同级耦合能流定价博弈三大方面，具体框架如图 9-1 所示。

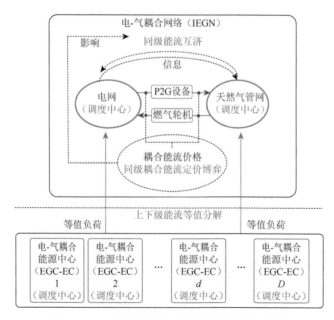

图 9-1 电-气互联系统协同运行的利益博弈框架

9.1.1　上下级能流等值分解

上下级能流等值分解主要面向 EGC-EC 及其上级能源网络 IEGN。EGC-EC 作为 IEGS 广义能源负荷，基于第 8 章所提建模方法及广义需求模型，可满足 EGC-EC 自身利益的运行优化，并获得广义等值能源需求及备用容量指令上传至 IEGN。因此，上下级能流等值分解可先获取 EGC-EC 的广义能源负荷需求，进而将电、气能源负荷需求上传至 IEGN，而 IEGN 在满足 EGC-EC 广义的等值负荷需求下实现自身运行优化。如此一来，可实现上下级的能流分解并分别建模优化。

9.1.2　同级能流互济

同级能流互济阶段，将 EGC-EC 视为等值能源负荷。主要考虑上级 IEGN 中电网和天然气管网的协同运行优化问题。前述所提的 IEGN 调度模型中，耦合能源成本主要由外购能源边际成本决定。本框架中的同级能流互济，考虑耦合设备（燃气轮机和 P2G 设备）能流可定价的背景，关注在耦合能流不同定价时的电网、天然气管网分解优化调度方法。同级能流互济的基本思想是建立交互能流一致协同变量，通过电网和天然气管网分别优化调度、获得交互能流、判断一致协同、修改交互能流限值四个环节的交互进行。当协同变量一致性时实现同级能流互济[1]，具体模型将在 9.2 节阐述。

9.1.3　同级耦合能流定价博弈

同级耦合能流定价博弈主要面向 IEGN 的双向耦合设备，即燃气轮机和 P2G 设备。

作为消纳过剩新能源的新 P2G 设备，在市场化环境下，电网公司有利益驱动及新能源消纳的需求推动其投资建设 P2G 厂站。一方面电网公司可通过调度 P2G 设备消纳更多的新能源；另一方面，还可通过调整 P2G 的供气价格获得不同的收益，进而影响天然气管网对 P2G 气源的购置量，改变基于 P2G 的耦合能流。

而对于燃气轮机的发电商，假设其与其他发电商竞价上网在市场均衡态时按边际成本定价，此时，燃气轮机的燃气价格亦将影响基于燃气轮机的耦合能流。随着天然气价格市场的放开，天然气供应公司也可能成为售气的主体。通过对大型燃气轮机发电供应商燃气定价的改变进行自身收益的调整，从而影响电网公司对燃气轮机发电的需求。

综上所述，本节所提同级耦合能流定价博弈主要考虑电网、天然气管网在市场环境下对两者交互设备（燃气轮机和 P2G 设备）可能存在的耦合能流定价权。在同级能流互济环节的基础上进一步研究电网、天然气管网利益博弈下的协同运行及市场均衡态。

9.2　基于分解协同和松弛能流的 IEGS 协同优化

本节所提的协同优化模型，考虑一天的调度时间尺度（等分为 24 个时段，时段变量用 t 表示，总时段为 T），协同电网、天然气管网、EGC-EC 的能源购置计划。

9.2.1　分解框架下 EGC-EC 的上传能流量

假定 IEGS 有足够的调控能力可以满足下级 EGC-EC 的负荷需求。因此，基于 9.1.1 节所述，上、下能源层级分解框架下 EGC-EC 可结合 8.3.3 节的广义需求模型，求解 EGC-EC 与 IEGN 交互功率的期望值以及考虑系统不确定之后交互功率的变化区间。

具体变量定义，对于具有 D 个 EGC-EC 的 IEGS，对于第 d 个 EGC-EC，可通过广义需求模型获取 EGC-EC 需上级 IEGN 提供的电功率期望值 $P_{\text{EGC},d,t}$、天然气流量期望值 $f_{\text{EGC},d,t}$ 以及备用的电功率区间 $[P_{\text{EGC\_dn},d,t}, P_{\text{EGC\_up},d,t}]$、天然气流量区间 $[f_{\text{EGC\_dn},d,t}, f_{\text{EGC\_up},d,t}]$。

需说明的是，8.3.3 节所提的广义需求模型中，可根据 EGC-EC 内部的调控设备（能源转换设备、储能设备及新能源设备等）和调控手段（是否考虑需求侧响应等）对目标函数和约束条件进行调整，但均可获取 EGC-EC 需上级 IEGN 提供的电、气能量流及备用需求。

9.2.2　同级耦合的松弛能流定义

考虑 IEGS 中耦合设备（燃气轮机和 P2G 设备）能流可定价的背景，在耦合能流的价格系数确定后，电网和天然气管网分别进行优化调度，两个网络的协同优化存在耦合处（包括燃气轮机、P2G 设备）能量流交互寻优的过程。据此，本节提出松弛能流（slack energy flow，SEF）的概念作为交互寻优的接口。该松弛变量可根据电网、天然气管网的优化调度结果，对电-气耦合网络联络处能量流进行修正，具体下述。

定义指标集，u 为发电机组的计数变量；GT 为燃气轮机的集合；c 为天然气气源的计数变量；TR 为 P2G 设备的集合。

1. 燃气轮机对应的 SEF

燃气轮机作为电网的源，在电网经济优化调度模型中，可根据同其他发电机组的成本曲线比较，之后进行经济调度，获得燃气轮机有功出力 $P_{\text{G},u,t}^{\wedge}$ 及其对应所需的天然气流量 $f_{\text{GT},u,t}^{\wedge}$。对于天然气管网，燃气轮机为其负荷，因此天然气管网可在满足 $f_{\text{GT},u,t}^{\wedge}$ 需求下进行气源供给侧的调度。

考虑到天然气负荷需求在天然气管网中是否满足运行约束的问题，定义燃气轮机对应的 SEF 进行松弛协同。

具体地，定义变量 $f_{GT,u,t}^{S}$（$f_{GT,u,t}^{A} > 0$）为燃气轮机对应的 SEF，则燃气轮机对应的天然气负荷在天然气管网优化调度模型中可表示为 $f_{GT,u,t}^{A} - f_{GT,u,t}^{S}$，同时将 f_{GT}^{S} 作为罚项引入到天然气管网的优化调度模型中。

当优化结果中 $f_{GT,u,t}^{S} \neq 0$，表明电网的天然气需求超过了在天然气管网运行约束下所能提供给的限值，可对电网优化调度模型中燃气轮机的上限 P_{Gmax} 加以修正，即

$$P_{Gmax,u,t} = G_{1}\left(f_{GT,u,t}^{A} - f_{GT,u,t}^{S}\right) \qquad u \in GT \qquad (9\text{-}1)$$

式中，$G_{1}(*)$ 表示燃气轮机有功出力与天然气耗量的关系，建模如式（2-1）。

2. P2G 设备对应的 SEF

结合 9.1.3 节所述，考虑将 P2G 作为消纳过剩新能源的手段，P2G 调度权为电网公司所有，电网基于其优化调度模型可获得 P2G 设备的出力 $P_{TR,c,t}^{A}$ 及其对应产生的天然气流量 $f_{G,c,t}^{A}$。此时，在天然气管网优化调度模型中，P2G 作为一类气源进行调度，该气源的上限可设置为 $f_{G,c,t}^{A}$。进一步地，定义变量 $f_{G,c,t}^{S}$（$f_{G,c,t}^{S} > 0$，$c \in TR$）为 P2G 设备对应的 SEF，该变量由下式计算获得。

$$f_{G,c,t}^{S} = f_{G,c,t}^{A} - f_{G,c,t}^{B} \qquad c \in TR \qquad (9\text{-}2)$$

式中，$f_{G,c,t}^{B}$ 为天然气管网进行优化调度所得的 P2G 气源的天然气供给量。

当 $f_{G,c,t}^{S} \neq 0$ 时，表示天然气管网无法完全消纳 P2G 设备所提供的天然气。此时，可对电网优化调度模型中 P2G 设备的出力上限进行修正，策略为

$$P_{TRmax,c,t} = G_{2}\left(f_{G,c,t}^{B}\right) \qquad c \in TR \qquad (9\text{-}3)$$

式中，$G_{2}(*)$ 为 P2G 设备耗电功率与产天然气流量的关系，建模如式（2-2）。

9.2.3　协同优化调度模型及策略流程

9.2.2 节定义了燃气轮机和 P2G 设备对应的 SEF 作为电网和天然气管网交互寻优的接口，本节具体对 9.2.2 节中所提的电网和天然气管网优化调度模型进行描述。本节重点关注电网和天然气管网在耦合能流可定价背景下的交互寻优和定价博弈问题，故优化调度模型做适当简化。即不考虑电网机组启停过程，将系统不确定因素考虑为备用约束从而将不确定优化问题转化为确定性问题。对新能源考虑为风电，建立优化调度模型如下。

1. 电网优化调度模型

1）目标函数

围绕提高新能源消纳能力及减少碳排放两大目标，考虑能源购置成本，电网优化调

度模型目标函数为

$$\min \quad \sum_{t=1}^{T}\left[\sum_{u}C_{\mathrm{HG},u}\left(P_{\mathrm{G},u,t}\right)+\varsigma_{\mathrm{w}}\sum_{k}\left(P_{\mathrm{w},k,t}^{*}-P_{\mathrm{w},k,t}\right)\right] \tag{9-4}$$

式中，下标变量 k 为风电场的计数变量；P_{G} 为发电机组出力；P_{w}^{*} 和 P_{w} 分别为风电场期望出力和调度出力；ς_{w} 为弃风罚因子；函数 $C_{\mathrm{HG}}(*)$ 为电网调度购电成本。本节分析考虑电网和天然气管网之间的交互，对于不同发电机组报价曲线的行为认为其已经达到市场均衡，即按边际成本报价。边际成本考虑包含燃料成本和碳交易市场下的碳排放成本，则 $C_{\mathrm{HG}}(*)$ 可以表示为

$$C_{\mathrm{HG},u}\left(P_{\mathrm{G},u,t}\right)=\begin{cases}\left(C_{\mathrm{GD},u}+C_{\mathrm{GB},u}P_{\mathrm{G},u,t}+C_{\mathrm{GA},u}P_{\mathrm{G},u,t}^{2}\right)+C_{\mathrm{CO}_2}\left(\delta_{\mathrm{G}u}-\delta_{\mathrm{I}}\right)P_{\mathrm{G},u,t} & u\notin\mathrm{GT}\\ C_{\mathrm{GT},t}\mathrm{G}_{1}^{-1}\left(P_{\mathrm{G},u,t}\right)+C_{\mathrm{CO}_2}\left(\delta_{\mathrm{G}u}-\delta_{\mathrm{I}}\right)P_{\mathrm{G}i,t} & u\in\mathrm{GT}\end{cases} \tag{9-5}$$

式中，C_{GD}、C_{GB}、C_{GA} 为发电机组的燃料成本系数；C_{GT} 为燃气价格；C_{CO_2} 为碳交易价格；$\mathrm{G}_{1}^{-1}(*)$ 为 $\mathrm{G}_{1}(*)$ 的反函数；δ_{G} 为发电机组单位有功的碳排放强度；δ_{I} 单位电量碳排放分配额系数，即免收碳税的碳排放额度[2]。

2）约束条件

电网有功调度采用常用的直流潮流模型，等式约束为功率平衡方程。除常规电负荷外，功率平衡还需计及由 EGC-EC 上传的电网功率。功率平衡方程表达如下：

$$\sum_{u}P_{\mathrm{G},u,t}+\sum_{k}P_{\mathrm{w},k,t}=\sum_{c\in\mathrm{TR}}P_{\mathrm{TR},c,t}+\left(P_{\mathrm{D}t}+\sum_{d}P_{\mathrm{EGC},d,t}\right) \tag{9-6}$$

式中，P_{TR} 为 P2G 出力；P_{D} 为非 EGC-EC 节点的电负荷。

此外，电网运行的约束还包括发电机组的出力/爬坡约束、风电场运行约束、P2G 设备出力约束、电力传输功率约束、旋转备用约束等。表示如下：

$$\begin{cases}P_{\mathrm{Gmin},u,t}\leqslant P_{\mathrm{G},u,t}\leqslant P_{\mathrm{Gmax},u,t}\\ -P_{\mathrm{Gdn},u}\leqslant P_{\mathrm{G}u,t}-P_{\mathrm{G}u,t-1}\leqslant P_{\mathrm{Gup},u}\end{cases} \tag{9-7}$$

$$0\leqslant P_{\mathrm{w},k,t}\leqslant P_{\mathrm{w},k,t}^{*} \tag{9-8}$$

$$0\leqslant P_{\mathrm{TR},c,t}\leqslant P_{\mathrm{TRmax},c,t} \quad c\in\mathrm{TR} \tag{9-9}$$

$$-P_{\mathrm{Fmax},j}\leqslant P_{\mathrm{F}j,t}\leqslant P_{\mathrm{Fmax},j} \tag{9-10}$$

$$\begin{cases}\sum_{u}\left(P_{\mathrm{G},u,t}^{\mathrm{M}}-P_{\mathrm{G},u,t}\right)\geqslant\left(\Delta D+\sum_{d}P_{\mathrm{EGC\_up},d,t}\right)+\Delta W\\ \sum_{u}\left(P_{\mathrm{G},u,t}-P_{\mathrm{G},u,t}^{\mathrm{N}}\right)\geqslant\left(\Delta D+\sum_{d}P_{\mathrm{EGC\_dn},d,t}\right)+\Delta W\end{cases} \tag{9-11}$$

式中，P_{Gup}、P_{Gdn} 和 P_G^M、P_G^N 分别为发电机组上行、下行调节速率和最大、最小可能出力；P_F 为线路传输功率；P_{Fmax} 为线路传输功率限值；ΔD 和 ΔW 表示为了分别应对负荷和风电功率波动所需的备用容量。式（9-11）中计及了应对 EGC-EC 节点功率波动的备用。

2. 天然气管网优化调度模型

1）目标函数

考虑天然气管网以其能源购置费用最小为目标安排气源出力，目标函数为

$$\min \sum_{t=1}^{T}\left[\left(\sum_{c\in TR} C_{TR,c,t}f_{G,c,t} + \sum_{c\notin TR} C_{GAS,c}f_{G,c,t}\right) + \varsigma_S \sum_{u\in GT} f_{GT,u,t}^S\right] \qquad (9\text{-}12)$$

式中，C_{TR} 和 C_{GAS} 分别为 P2G 气源和常规气源的价格系数；f_G 为对应气源的流量；f_{GT}^S 为 9.2.2 节提出的燃气轮机对应的 SEF；ς_S 为罚因子，取值足够大使得 f_{GT}^S 的优化结果趋于 0，非 0 则表示燃气轮机的天然气需求违背了天然气管网运行约束。

2）约束条件

天然气管网需满足流量平衡约束，对于天然气管网某一节点 n，流量平衡约束可表示为

$$
\begin{aligned}
&\sum_{c\in n} f_{G,c,t} - \sum_{m:o_I(m)=n} f_{L,m,t}^I + \sum_{m:o_T(m)=n} f_{L,m,t}^T - \sum_{s:o_{SI}(s)=n} f_{L,s,t}^{SI} + \sum_{s:o_{ST}(s)=n} f_{L,s,t}^{ST} \\
&= \sum_{u\in n\cap u\in GT} \left(f_{GT,u,t}^A - f_{GT,u,t}^S\right) + \sum_{d\in n}(f_{EGC,d,t}) + f_{D,n,t}
\end{aligned} \qquad (9\text{-}13)
$$

上式流量平衡约束是在式（4-14）的基础上，一方面计及广义负荷节点 EGC-EC 所需的气负荷 $f_{EGC,d,t}$，另一方面将燃气轮机发电所需天然气表达式转变成 9.2.2 节所述的含燃气轮机 SEF 的燃气负荷表达式。式中所含变量定义同式（4-14）。

需说明的是，由于本章框架主要考虑了耦合设备（燃气轮机）存在的能流定价，为避免定价过低使得 $f_{GT,u,t}^A$ 过大而违背天然气管网运行约束，式（9-13）在燃气轮机这一气负荷考虑松弛能流（SEF），而假定其他气负荷节点认为天然气管网有足够的调控能力满足负荷需求。

对于式（9-13），增加考虑压缩机的天然气耗量约束。对于任一压缩机 s，进出压缩机流量 f_L^{SI} 与 f_L^{ST} 满足：

$$
\begin{cases}
f_{Loss,s,t} = O_{C,s} + O_{B,s}H_{s,t} + O_{A,s}H_{s,t}^2 \\
H_{s,t} = B_s f_{L,s,t}^{ST}\left[\left(\dfrac{\pi_{n:n=o_{ST}(s)}}{\pi_{n:n=o_{SI}(s)}}\right)^{Z_s} - 1\right] \\
f_{L,s,t}^{SI} = f_{L,s,t}^{ST} + f_{Loss,s,t}
\end{cases} \qquad (9\text{-}14)
$$

式中，f_{LOSS} 为压缩机的天然气耗量；B、Z、O_A、O_B、O_C 为压缩机模型基本参数。

此外，对于天然气管网运行还需满足气源出力限制约束、压缩机压缩比约束、气源备

用约束、网络状态量约束等,形式同式（4-1）～式（4-4）,式（4-19）和式（4-20）,式（4-23）和式（4-24）。需说明,对式（4-20）的备用约束,需在其基础上增加 EGC-EC 节点的备用需求。而对 P2G 气源的上限,基于 9.2.2 节所述,表示为 ［ $G_2^{-1}(*)$ 为 $G_2(*)$ 的反函数 ］

$$0 \leqslant f_{G,c,t} \leqslant G_2^{-1}\left(P_{TR,c,t}^A\right)=f_{G,c,t}^A \qquad c \in TR \qquad (9-15)$$

3. 协同优化策略流程

当能源购置、环保效益等成本系数确定后,电网、天然气管网将在满足自身约束条件的情况下进行能源优化调度。考虑到两个网络之间存在联络处（包括燃气轮机、P2G 设备）能量流的协同寻优的过程。因此,结合 9.2.2 节所提的松弛能流的概念,基于电网和天然气管网的优化调度模型,协同优化策略流程如图 9-2 所示。

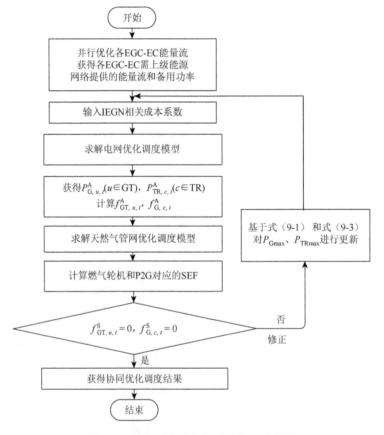

图 9-2　电-气互联系统协同优化策略流程

图 9-2 中的电网优化调度模型是目标函数为二次、约束为线性的二次规划模型,可调用 GUROBI 求解器进行求解。对于天然气管网优化调度模型的处理,可基于本书前述采用的阻尼逐次线性化法,将非线性约束进行线性化求解。

9.3 同级耦合能流定价博弈下 IEGS 市场均衡分析

结合 9.1.3 节所述，同级耦合能流定价博弈是主要考虑电网、天然气管网在市场环境下对两者交互设备（燃气轮机和 P2G 设备）可能存在的耦合能流定价权，从而进行的市场定价博弈。从 9.2 节的协同优化调度模型看，表征为对变量 C_{TR} 和 C_{GT} 的优化制定。其中 C_{TR} 为电网公司的定价策略，C_{GT} 为天然气公司的定价策略。当两者在对方既定的价格策略下无法通过调整自身的价格策略获得更大利益时，此时博弈达到市场均衡态，即 Nash 均衡。

9.3.1 Nash 均衡与 Nikaido-Isoda 函数

给定博弈参与者 l 及其策略空间 x_l（$l = 1, 2, \cdots, L$，$x_l \in \mathbf{R}^{\Gamma_l}$），其中，$\Gamma_l$ 为策略空间 x_l 在实数空间 $\mathbf{R}$ 的维数，则所有参与者的策略集可定义为 $x = (x_1, x_2, \cdots, x_L)$，取值空间 X 为所有参与者策略空间的笛卡儿积。如果每个参与者的收益函数为 $\phi_l(x)$，根据 Nash 均衡的定义，有

$$\phi_l(x^*) = \max_{(y_l|x^*) \in X} \phi_l(y_l|x^*) \tag{9-16}$$

式中，$x^* = (x_1^*, x_2^*, \cdots, x_L^*)$ 为 Nash 均衡点；$y_l|x^*$ 指在其他参与者策略不变时，第 l 个参与者将策略改变为 y_l 所构成的策略集。而 Nikaido-Isoda 函数定义为[3]

$$\psi(x, y) = \sum_{l=1}^{L} [\phi_l(y_l|x) - \phi_l(x)] \quad x, y \in X \tag{9-17}$$

该函数的每一个级数代表参与者 l 在其他参与者策略不变时单独改变其策略后的收益值变化。结合 Nash 均衡的定义，可得

$$\psi(x^*, y) = \sum_{l=1}^{L} [\phi_l(y_l|x^*) - \phi_l(x^*)] \leqslant 0 \tag{9-18}$$

式（9-18）即为 Nash 均衡点与 Nikaido-Isoda 函数之间的关系。其非正性表示当 x 为 Nash 均衡点时，参与者不可能通过改变自身的策略来获得收益的增加，即 $\max \psi(x^*, y) = 0$。根据这一特性，对任意给定的 $x^{(p)}$，可逐一对参与人进行单方面（即保持其他参与者策略不变）收益最大化寻优，获得更新策略集 $x^{(p+1)}$，从而将均衡问题转成优化问题。利用式（9-18）可构造该优化问题的松弛性收敛条件，即多次迭代后，当 $\psi(x_p, y) < \varepsilon$ 时认为达到 Nash 均衡。其中，p 为迭代次数，ε 为收敛精度。

9.3.2 定价博弈下的 IEGS 市场均衡解

结合 9.1.3 节所描述的同级耦合能流定价博弈框架，在博弈中，电网公司、天然气公司的策略空间分别为 $x_{ele} = \{C_{TR,t}\}$、$x_{gas} = \{C_{GT,t}\}$。则两者的策略集合 $x = \{x_{ele}, x_{gas}\}$ 中的每

个元素为某一时刻燃气轮机或 P2G 设备的单位流量天然气价格。

以各自从对方获取最大化收益来定义博弈双方的收益函数，表达式如式（9-19）。其中，$\phi_{\text{ele}}(\boldsymbol{x})$ 和 $\phi_{\text{gas}}(\boldsymbol{x})$ 分别为电网公司和天然气公司的收益函数。

$$\begin{cases} \phi_{\text{ele}}(\boldsymbol{x}) = \sum_{t=1}^{T}\left(C_{\text{TR},t} \sum_{c \in \text{TR}} f_{\text{G},c,t}^{\text{A}} \right) \\ \phi_{\text{gas}}(\boldsymbol{x}) = \sum_{t=1}^{T}\left(C_{\text{GT},t} \sum_{u \in \text{GT}} f_{\text{GT},u,t}^{\text{A}} \right) \end{cases} \quad (9\text{-}19)$$

式中，$f_{\text{GT},u,t}^{\text{A}}$ 和 $f_{\text{G},c,t}^{\text{A}}$ 为因变量，当给定 $C_{\text{TR},t}$ 和 $C_{\text{GT},t}$ 时，可根据图 9-2 所示的流程图求解获得。

结合 9.3.1 节所述，求取定价博弈下 IEGS 的市场均衡解流程图如图 9-3 所示。图中，$\phi_{\Sigma}(\boldsymbol{x})$ 表达式如式（9-20），同时，定义 $\phi_{\Sigma}[\boldsymbol{x}^{(0)}] = 0$。

$$\phi_{\Sigma}(\boldsymbol{x}) = J\phi_{\text{gas}}(\boldsymbol{x}) + \phi_{\text{ele}}(\boldsymbol{x}) \quad (9\text{-}20)$$

式中，J 为驱使 9.3.1 节所提迭代算法收敛的一较大的罚系数。具体来看，该算法的收敛性取决于所构造策略集合的更新方向是否可以使得 Nikaido-Isoda 函数单调增加。如果可以，根据式（9-18）所描述的 Nikaido-Isoda 函数的有界性，可以保证算法的收敛性，根据 9.3.1 节的分析，它收敛于 Nash 均衡点。

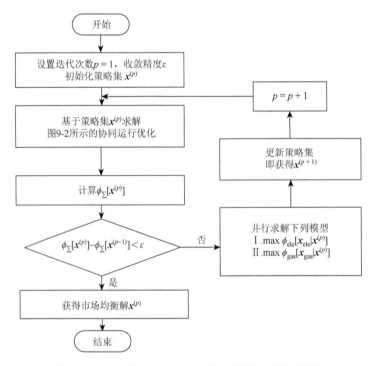

图 9-3　求取定价博弈下 IEGS 的市场均衡解的流程图

本章调度模型中，P2G 设备在电网调度运行中被视为消纳过剩可再生能源的一种手段。其产生天然气的定价策略 x_{ele} 主要影响过剩可再生能源的消纳能力，而对其他机组调度无影响。即是说，x_{ele} 变化对 $f_{GT,u,t}^A$ 无影响，此时 $f_{GT,u,t}^A$ 的取值只依赖于 x_{gas}。因此，当博弈双方两者的策略集合从 $x^{(p)}$ 变化到 $x^{(p+1)}$，$\phi_{gas}(x)$ 在优化过程中将单调增加或保持不变（达到最优时）。这两种情况下，对 $\phi_{ele}(x)$ 分别进行讨论：

（1）若在更新策略过程中，x_{gas} 保持不变，则 $\phi_{ele}(x)$ 将增加求取其最大值或保持不变（当已达到最大值），此时，$\phi_\Sigma(x)$ 保持增长或不变。

（2）若更新策略过程中 $\phi_{gas}(x)$ 增加，即 x_{gas} 有所改变，则 $\phi_{ele}(x)$ 有可能增加或者减少；而由于罚系数 J 的存在，$\phi_{ele}(x)$ 可能存在的减小量会被抵消，于是 $\phi_\Sigma(x)$ 呈增长趋势。综上，$\phi_\Sigma(x)$ 在迭代过程中单调地收敛于最大值。

图 9-3 所示的更新策略过程中，模型 I 着眼于在 x_{gas} 策略不变时求解 x_{ele}，同理模型 II 着眼于在 x_{ele} 策略不变时求解 x_{gas}，最后将更新的 x_{ele} 和 x_{gas} 作为更新策略。在求解优化模型中，以模型 I 为例，其包含控制变量 x_{ele} 和依从变量 $f_{G,c,t}^A$。$f_{G,c,t}^A$ 由图 9-2 所示的优化计算流程而定。同时，由于依从变量 $f_{G,c,t}^A$，$f_{G,c,t}^A$ 为 x_{ele} 的隐函数而使得目标函数的导数信息不可获得，且模型 I 只含控制变量本身取值约束而不含复杂约束，因此在该问题的求解上采用遗传算法对其进行求解，模型 II 同理。

9.4　算 例 分 析

算例分析中，电网采用 IEEE-118 节点网络，该网络含 54 台发电机组（设置 8 台燃气轮机机组、40 台燃煤机组和 6 个风电场），并且增设 4 台 P2G 设备。发电机组和 P2G设备的参数详见附录 B.4。对碳排放交易参数取值[2]，如碳排放分配额 δ_1 取 0.798 t/(MW·h)，碳交易价格取 42 美元/t。天然气管网采用 20 节点网络，修改对应节点的气源类型和负荷类型，该网络与电网的连接关系如图 9-4 所示。

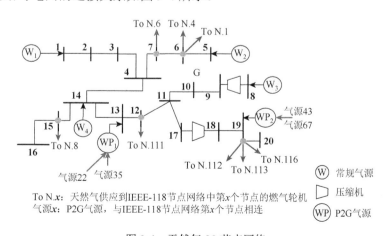

To N.x：天然气供应到 IEEE-118 节点网络中第 x 个节点的燃气轮机
气源x：P2G 气源，与 IEEE-118 节点网络第 x 个节点相连

图 9-4　天然气 20 节点网络

此外，需说明的是，本算例仿真重点针对电网和天然气管网之间的协同运行和市场均衡态展开，下级 EGC-EC 单独优化分析后上传的能量流认为已归算到电网和天然气管网的负荷中，电负荷和气负荷曲线如图 9-5 所示。图 9-6 则给出了风电场的风电功率预测曲线。

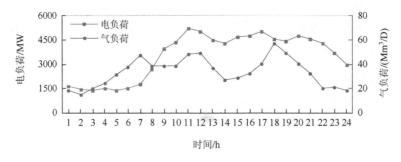

图 9-5　电负荷和气负荷

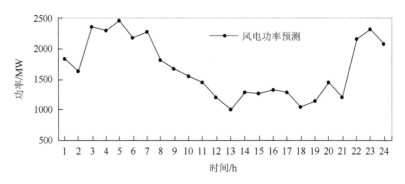

图 9-6　风电功率预测曲线

9.4.1　市场均衡态分析

算例中，考虑天然气管网从常规气源获得天然气价格 C_{GAS} 为 0.30 美元/m³，燃气轮机供气价格 C_{GT} 的波动范围为 0.30～0.38 美元/m³。P2G 气源价格 C_{TR} 的波动范围为 0.28～0.38 美元/m³。基于图 9-3 计算流程，IEGS 市场均衡态如图 9-7 和图 9-8 所示。

从图 9-7 和图 9-8 可以看出，在第 1～8 h 时，电负荷较低，风电富余，则 P2G 设备工作，消纳富余的风电转化成天然气供给天然气管网。对于该时段发电机组的安排，首先安排燃煤机组以最小发电约束发电，然后由低成本的风力发电提供给负荷。由于该时段电负荷较低，且风电富余，可以满足电力负荷的需求。燃气轮机由于成本相对较高故几乎无安排出力。随着电负荷升高（9～21 h），风力不足，燃气轮机增加出力，而 P2G 设备停止工作，这是因为利用其他机组产生电力供给 P2G 设备，再由 P2G 设备转化成天然气，从经济效益或是碳排放效益上都是有所欠缺的。

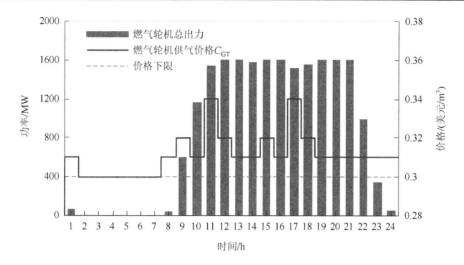

图 9-7　市场均衡态下燃气轮机各时刻的购气价格和总出力

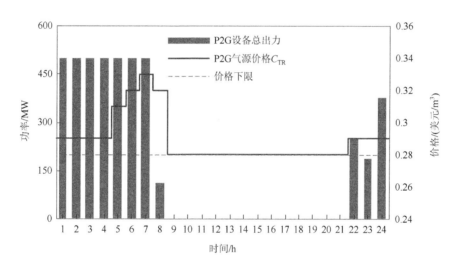

图 9-8　市场均衡态下 P2G 设备各时刻的供气价格和总出力

从市场均衡态看，图 9-7 结果表明，当电负荷较高时（如第 11 h 和 17 h），天然气公司趋向于抬高燃气价格获得更多的收益，此时电网公司为了满足电负荷的需求仍会购买燃气，以第 11 h 为例做进一步的具体说明。

第 11 h 时，电负荷为 5 262.7 MW。从 5 262.7 MW 减去 1 455 MW 的风能发电量，燃煤机组和燃气轮机机组的发电量将达到 3 807.7 MW。即使忽略了爬坡速率和旋转备用容量约束，燃煤机组最大总输出功率为 3 500 MW（表 9-1 给出了燃煤机组的发电成本和最大总出力），低于 3 807.7 MW。因此，无论燃气轮机成本高低，仍需要其补充电力。

表 9-1　燃煤机组的发电成本和最大总出力

发电机节点	$C_{HG}(*)$/美元	机组最大总出力/MW
10/12/15/18/19/24/25/110	$28.56\,P_G + 85$	500
26/27/31/32/36/46/49/105	$42.45\,P_G + 27$	900
54/55/56/59/61/62/65/104	$45.73\,P_G + 83$	800
66/69/70/72/73/74/76/100	$36.81\,P_G + 58$	500
77/80/85/89/90/92/99/103	$41.83\,P_G + 27$	800

　　仿真模型中各燃气轮机的成本相同，在不同的燃气价格下，燃气轮机的边际成本不同，电网调度则根据燃气轮机边际成本和燃煤机组的边际成本比较安排出力。第 11 h 时，不同燃气价格下电网优化调度结果中燃气轮机的总出力，以及天然气管网通过售气给燃气轮机的售气收益 $\phi_{gas}(\boldsymbol{x})$ 如表 9-2 所示。综上，结合表 9-1 和表 9-2 可知，随着 C_{GT} 的不断上升，当燃气轮机的边际成本超过某台燃煤机组的发电边际成本时，燃气轮机的最优发电出力下降，并且在 C_{GT} 上升过程中，$\phi_{gas}(\boldsymbol{x})$ 先增加（燃气轮机最优发电出力未降低时）然后降低（燃气轮机最优发电出力降低时）。而在该时刻使得 $\phi_{gas}(\boldsymbol{x})$ 最大化的优化方案是 C_{GT} 为 0.34 美元/MW，此时燃气轮机总出力为 1 547.70 MW。

表 9-2　不同燃气价格下燃气轮机的最优出力及对应的 $\phi_{gas}(\boldsymbol{x})$ 值

C_{GT}/(美元/m³)	$C_{HG}(*)$/美元	燃气轮机最优发电出力/MW	$\phi_{gas}(\boldsymbol{x})$/美元
0.30	$38.28\,P_G$	1 600.00	88 000.00
0.31	$40.12\,P_G$	1 600.00	90 933.33
0.32	$41.95\,P_G$	1 600.00	93 866.67
0.33	$43.78\,P_G$	1 547.70	93 635.85
0.34	$45.62\,P_G$	1 547.70	96 473.30
0.35	$47.45\,P_G$	1 247.70	80 060.75
0.36	$49.28\,P_G$	1 247.70	82 348.20
0.37	$51.12\,P_G$	1 247.70	84 635.65
0.38	$52.95\,P_G$	1 247.70	86 923.10

　　而当电负荷降低时，燃气价格需相应调低才更有竞争力。同理，当气负荷增大时（如第 7 h），尽管 P2G 气源购气价格 0.34 美元/m³ 高于常规气源，但为了减少远距离传输气源带来的损耗，价格较高的 P2G 气源就地供应仍具优势。而当气负荷较小，附近常规气源供应充足，为了消纳 P2G 气源获得收益，P2G 气源供应价格需小于边际价格 0.30 美元/m³。该市场均衡态与经济学的供需关系是契合的。

9.4.2　恒定气价与市场均衡态的效益对比

　　市场均衡态从另一个角度反映了价格波动下的机组出力安排情况。基于图 9-2 所示的协同运行优化流程，进行恒定气价策略与市场均衡态的效益对比分析。恒定气价策略的具体场景设置如表 9-3 所示。此外，为了研究 P2G 具有的效益优势，仿真分析中还增加了考虑没有 P2G 时的市场均衡态场景。

表 9-3　恒定气价策略的场景设置

场景	场景描述	C_{TR}/(美元/m³)	C_{GT}/(美元/m³)
场景 1	高价格	0.33	0.34
场景 2	低价格	0.29	0.30
场景 3	均价	0.31	0.32

表 9-4 给出了不同场景下的效益对比分析结果，其中，指标 BE_W 和 BE_C 分别指弃风率和系统总的碳排放量。碳排放量指标中除了考虑发电机组的碳排放量外，还计及了 P2G 设备的碳吸收效益，碳吸收系数参数见附录 B.4 的表 B-22，图 9-9 给出了不同场景下的风电消纳曲线。

表 9-4　不同场景下的效益对比结果

场景	ϕ_{ele}/美元	ϕ_{gas}/美元	BE_W/%	BE_C/t
场景 1	24 441	523 491	21.58	46 973.04
场景 2	89 973	1 145 862	14.03	39 735.66
场景 3	35 034	1 056 293	20.81	41 745.24
市场均衡态	93 364	1 200 354	14.03	39 839.68
无 P2G 设备的市场均衡态	0	1 200 354	25.01	40 458.11

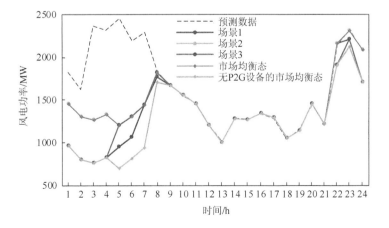

图 9-9　不同场景下的风电消纳曲线（后附彩图）

对比表 9-4 最后两行数据可以发现,利用 P2G 设备可以降低风电的弃风率,从 25.01% 降低到 14.03%,提高了可再生能源的消纳能力。此外,P2G 设备在运行合成天然气时,由于对 CO_2 的需求,还有利于减少碳排放。可以推断,随着 P2G 容量的增加,风电调节和碳排放的优势将更加明显。

基于表 9-4 前四行的数据结果可知,倘若仅从电网公司和天然气公司耦合能流交易获得的收益来看,市场均衡态下的定价策略无疑是最优的。若一味地提高燃气价格(场景 1),燃气轮机机组的发电量、从 P2G 气源购置的气源量会相应减少。这不仅会使得博弈双方收益减少,同时也不利于碳减排和风电消纳。而当燃气价格较低时(场景 2),风电消纳效益、碳排放效益与市场均衡态相当。这是因为燃气价格低时,可鼓励燃气轮机机组多发电,减少碳排放量。同时,这也会促使天然气公司向 P2G 气源购买天然气,一方面有利于提高风电的消纳能力,另一方面还可通过 P2G 设备吸收 CO_2。但在市场机制下,较低的价格会降低博弈双方的收益,因此这种策略往往是不会被采用的。

综合 9.4.1 节和 9.4.2 节的分析可知,利用市场机制,除了能实现博弈双方收益最大化之外,对于新能源消纳和节能减排都是有利的。同时,根据需求进行分时定价是市场机制下电网公司和天然气公司双方进行利益最大化的有效手段。具体可以是,对于电网公司来说,在天然气负荷较高时,适当抬高 P2G 气源的供气价格,反之,则降低 P2G 气源的价格。同样,天然气公司可以在电负荷较高时提高燃气轮机所用燃气的价格,在负荷较低时降低价格。

9.4.3 碳交易价格对市场均衡态的影响

碳交易市场背景下,碳交易价格 C_{CO_2} 制定主要是监管部门为控制碳排放所采取的一种措施。显然,不同的 CO_2 价格将会影响不同发电机组的单位发电成本,数学表达体现为式(9-5),进而影响处于市场均衡态时燃气轮机的供气价格,如图 9-10 所示。

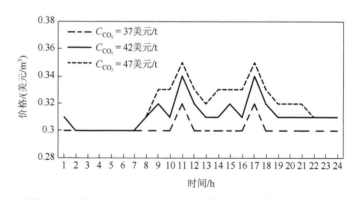

图 9-10　不同 C_{CO_2} 下市场均衡态时燃气轮机的购气价格 C_{GT}

由图 9-10 可知，当 C_{CO_2} 增加时，燃气轮机的购气价格最终会有上升的趋势。这是因为 C_{CO_2} 提高时，采用低碳排放的燃气轮机机组发电具有经济优势。而此时，天然气公司为了获得更大的收益可以提高燃气轮机的供气价格，只要其单位发电成本仍然低于其他高碳排放的机组，燃气轮机仍具经济优势。相反，当 C_{CO_2} 减少，燃气轮机的购气价格在市场均衡态下有下降的趋势。

另外，由于 P2G 设备供气价格的市场均衡态主要受其他气源价格和天然气负荷情况的制约，故 C_{CO_2} 对处于市场均衡态时的 P2G 设备的供气价格无影响。

9.5　本章小结

立足于能源市场管制逐渐放松的背景，提出了电-气互联系统协同运行的利益博弈框架，包括上下级能流等值分解、同级能流互济和同级耦合能流定价博弈。在分解协同运行框架下获得 EGC-EC 的上传能流后，重点针对电网和天然气管网协同运行与市场博弈问题，提出了基于松弛能流（SEF）的协同运行方法与基于 Nikaido-Isoda 函数的同级耦合能流市场博弈求解方法。通过仿真分析研究了市场均衡态与恒定能流定价状态下，具双向耦合电网和天然气管网的协同风电消纳和低碳效益。主要结论如下：

（1）P2G 设备作为电-气互联系统耦合的新设备，除了可以提高对可再生能源消纳比之外，还具有碳捕获能力，有望成为推动绿色、低碳能源系统建设的重要设备。

（2）电网和天然气管网基于燃气轮机和 P2G 设备的耦合能流定价博弈市场均衡态受系统负荷及网络等约束，考虑碳交易市场下还受到碳交易价格的影响。并且，打造信息透明共享的能源市场环境，充分发挥市场的自我调节机制。除了能够使市场参与主体获得更多收益，增加参与主体积极性之外，对可再生能源的消纳能力和节能减排也同样有利。

参 考 文 献

[1]　Chen Z X, Zhang Y J, Ji T Y, et al. Coordinated optimal dispatch and market equilibrium of integrated electric power and natural gas networks with P2G embedded[J]. Journal of Modern Power Systems and Clean Energy, 2018, 6（3）: 495-508.

[2]　卫志农, 张思德, 孙国强, 等. 基于碳交易机制的电-气互联综合能源系统低碳经济运行[J]. 电力系统自动化, 2016, 40（15）: 9-16.

[3]　Molina J P, Zolezzi J M, Contreras J, et al. Nash-Cournot equilibria in hydrothermal electricity markets[J]. IEEE Transactions on Power Systems, 2010, 26（3）: 1089-1101.

附　录　A

A.1　10节点天然气管网参数

表 A-1　10节点天然气管网拓扑参数

支路类型	输入节点	输出节点	管道参数 ρ_B/[km³/(h·bar)]	管存参数 ρ_A/(km³/bar)
传输管道	9	10	8.19	3.38
	8	9	10.94	6.06
	6	7	10.51	6.57
	6	5	10.19	6.99
	2	7	6.48	5.39
	2	4	6.70	5.06
	4	5	6.54	5.30
	3	4	6.96	4.69
压缩机	1	2	B: 193.872(kW·h)/km³; Z: 0.2335	
	6	8	O_A: 0；O_B: 0.0016 km³/(kW·h)；O_C: 0	

A.2　20节点天然气管网参数

表 A-2　20节点天然气管网拓扑参数

支路类型	输入节点	输出节点	管道参数 ρ_B/[km³/(h·bar)]	管存参数 ρ_A/(km³/bar)
传输管道	1	2	125.32	2.98
	1	2	125.32	2.98
	2	3	102.33	4.47
	2	3	102.33	4.47
	3	4	49.16	19.37
	5	6	13.18	14.09
	6	7	16.04	9.50
	7	4	19.82	6.22
	4	14	33.80	40.98
	9	10	56.05	14.90
	9	10	6.84	2.94
	10	11	50.13	18.63
	10	11	6.12	3.68

续表

支路类型	输入节点	输出节点	管道参数 ρ_B/[km³/(h·bar)]	管存参数 ρ_A/(km³/bar)
传输管道	11	12	38.68	31.30
	12	13	39.63	29.81
	13	14	112.09	3.73
	14	15	79.26	7.45
	15	16	50.13	18.63
	11	17	9.44	1.55
	18	19	5.43	0.92
	19	20	6.94	0.56
压缩机	8	9	B: 237.552(kW·h)/km³; Z: 0.2126
	17	18	O_A: 0; O_B: 0.0016 km³/(kW·h); O_C: 0

A.3 90节点天然气管网参数

表 A-3 90节点天然气管网拓扑参数

支路类型	输入节点	输出节点	管道参数 ρ_B/[km³/(h·bar)]	管存参数 ρ_A/(km³/bar)
传输管道	2	3	19.55	1.86
	4	5	19.70	1.87
	5	6	22.75	1.40
	5	7	22.75	1.40
	7	8	14.39	3.50
	9	10	11.58	1.69
	10	11	9.46	2.54
	11	12	10.57	2.03
	11	13	12.46	4.67
	10	14	12.46	4.67
	10	14	10.57	2.03
	14	15	16.09	2.80
	14	15	12.95	1.35
	15	16	14.39	3.50
	16	17	12.46	4.67
	17	18	19.70	1.87
	16	19	17.62	2.34
	15	20	14.39	3.50
	21	22	10.81	1.18
	22	23	12.49	0.88
	23	24	12.49	0.88
	22	25	27.87	0.93

支路类型	输入节点	输出节点	管道参数 ρ_B/[km³/(h·bar)]	管存参数 ρ_A/(km³/bar)
	27	28	27.87	0.93
	29	30	22.75	1.40
	30	31	19.55	1.86
	30	32	19.70	1.87
	32	33	22.75	1.40
	34	35	22.75	1.40
	35	36	14.39	3.50
	36	37	11.58	1.69
	36	38	9.46	2.54
	35	39	10.57	2.03
	35	39	12.46	4.67
	39	40	12.46	4.67
	39	40	10.57	2.03
	40	41	16.09	2.80
	41	42	12.95	1.35
	42	43	14.39	3.50
	41	44	12.46	4.67
	40	45	19.70	1.87
	46	47	17.62	2.34
传输管道	47	48	14.39	3.50
	48	49	10.81	1.18
	47	50	12.49	0.88
	51	52	12.49	0.88
	51	52	27.87	0.93
	52	53	27.87	0.93
	52	53	19.55	1.86
	53	54	19.70	1.87
	54	55	22.75	1.40
	55	56	22.75	1.40
	56	57	14.39	3.50
	54	58	11.58	1.69
	58	59	9.46	2.54
	59	60	10.57	2.03
	58	61	12.46	4.67
	61	62	12.46	4.67
	63	62	10.57	2.03
	64	63	16.09	2.80
	64	63	12.95	1.35

支路类型	输入节点	输出节点	管道参数 ρ_B/[km³/(h·bar)]	管存参数 ρ_A/(km³/bar)
传输管道	65	64	14.39	3.50
	65	64	12.46	4.67
	63	67	19.70	1.87
	68	69	17.62	2.34
	69	70	14.39	3.50
	71	72	10.81	1.18
	71	72	12.49	0.88
	72	73	12.49	0.88
	72	73	14.95	1.01
	73	74	19.55	1.86
	74	75	19.70	1.87
	75	76	22.75	1.40
	76	77	22.75	1.40
	74	78	14.39	3.50
	78	79	11.58	1.69
	79	80	9.46	2.54
	78	81	10.57	2.03
	81	82	12.46	4.67
	83	82	12.46	4.67
	84	83	10.57	2.03
	84	83	16.09	2.80
	85	84	12.95	1.35
	85	84	14.39	3.50
	83	87	12.46	4.67
	88	89	19.70	1.87
	89	90	17.62	2.34
	20	45	14.39	3.50
	20	45	10.81	1.18
	73	53	12.49	0.88
	73	53	12.49	0.88
压缩机	1	2		
	2	9		
	3	4		
	20	21	B: 237.552 (kW·h)/km³; Z: 0.2126	
	26	27	O_A: 0; O_B: 0.0016 km³/(kW·h); O_C: 0	
	27	34		
	28	29		
	45	46		

支路类型	输入节点	输出节点	管道参数 ρ_B/[km³/(h·bar)]	管存参数 ρ_A/(km³/bar)
压缩机	66	65		
	67	68		
	86	85	B: 237.552 (kW·h)/km³; Z: 0.2126	
	87	88	O_A: 0; O_B: 0.0016 km³/(kW·h); O_C: 0	
	78	37		
	12	58		

附　录　B

B.1　第 4 章算例参数

（1）TEST1 计算模型参数

表 B-1　燃煤机组参数

电网节点	成本线性化参数/[美元/(MW·h)]			P_{Gmin} /MW	P_{Gmax} /MW	P_{Gup} /(MW/h)	P_{Gdn} /(MW/h)	C_{Gon} /美元	C_{Goff} /美元	T_{Gon}/h	T_{Goff}/h
	$C_G(P_{Gmin})$	C_{KG1}	C_{KG2}								
1	956	39.4	44.6	25	250	100	100	280	280	2	2
2	1088	44.5	49.6	25	150	60	60	250	250	3	3
3	1295	53.1	62.2	25	250	100	100	250	250	3	3

表 B-2　燃气轮机机组参数

电网节点	天然气管网节点	P_{Gmin} /MW	P_{Gmax} /MW	P_{Gup} /(MW/h)	P_{Gdn} /(MW/h)	η_{GT}	LHV /(MJ/m³)	C_{Gon} /美元	C_{Goff} /美元	T_{Gon}/h	T_{Goff}/h
6/8	5/10	0	80	50	50	0.55	35.88	180	180	1	1

表 B-3　常规气源参数

天然气管网节点	C_{GAS}/(美元/m³)	f_{Gmin}/(km³/h)	f_{Gmax}/(km³/h)
1	0.27	0	40
3	0.28	0	80
9	0.26	0	20

（2）TEST2 计算模型参数

表 B-4　燃煤机组参数

电网节点	成本线性化参数/[美元/(MW·h)]			P_{Gmin} /MW	P_{Gmax} /MW	P_{Gup} /(MW/h)	P_{Gdn} /(MW/h)	C_{Gon} /美元	C_{Goff} /美元	T_{Gon}/h	T_{Goff}/h
	$C_G(P_{Gmin})$	C_{KG1}	C_{KG2}								
30	1058	40.1	45.2	30	250	100	100	280	280	3	3
31	1064	37.1	42.2	15	150	60	60	250	250	3	3
34	958	41.5	46.8	10	100	40	40	200	200	2	2
36	1023	40.8	45.2	10	100	40	40	200	200	2	2
37	1022	39.6	44.3	15	150	60	60	200	200	2	2
38	1027	46.4	50.2	25	250	100	100	250	250	2	2
39	1110	45.2	50.8	30	200	80	80	280	280	3	3

表 B-5 燃气轮机机组参数

电网节点	天然气管网节点	P_{Gmin}/MW	P_{Gmax}/MW	P_{Gup}/(MW/h)	P_{Gdn}/(MW/h)	η_{GT}	LHV/(MJ/m³)	C_{Gon}/美元	C_{Goff}/美元	T_{Gon}/h	T_{Goff}/h
32/33/35	6/12/20	0	60	40	40	0.55	35.88	180	180	1	1

表 B-6 常规气源参数

天然气管网节点	C_{GAS}/(美元/m³)	f_{Gmin}/(km³/h)	f_{Gmax}/(km³/h)
1	0.27	0	80
5	0.28	0	40
8	0.28	0	80
14	0.26	0	20

（3）TEST3 计算模型参数

表 B-7 燃煤机组参数

电网节点	成本线性化参数/[美元/(MW·h)]			P_{Gmin}/MW	P_{Gmax}/MW	P_{Gup}/(MW/h)	P_{Gdn}/(MW/h)	C_{Gon}/美元	C_{Goff}/美元	T_{Gon}/h	T_{Goff}/h
	$C_G(P_{Gmin})$	C_{KG1}	C_{KG2}								
19/24/65/66/77/85/87	958	41.5	46.8	10	100	40	40	200	200	2	2
25/26/27/49/54/103/104	1064	55.6	60.2	15	150	60	60	250	250	3	3
31/32/34/36/40/42/46	1022	39.6	44.3	15	150	60	60	200	200	2	2
55/56/70/72/73/74/76	1023	40.8	45.2	10	100	40	40	200	200	2	2
59/61/62/69/80/89/100	1058	40.1	45.2	30	250	100	100	280	280	3	3
90/91/92/99/105/107/110	1110	50.2	58.8	30	200	80	80	280	280	3	3

表 B-8 燃气轮机机组参数

电网节点	天然气管网节点	P_{Gmin}/MW	P_{Gmax}/MW	P_{Gup}/(MW/h)	P_{Gdn}/(MW/h)	η_{GT}	LHV/(MJ/m³)	C_{Gon}/美元	C_{Goff}/美元	T_{Gon}/h	T_{Goff}/h
1/4/6/8/113/116	53/73/62/82/6/31	0	80	50	50	0.55	35.88	180	180	1	1
10/12/15/18	38/13/24/25	0	60	40	40	0.55	35.88	180	180	1	1

表 B-9 常规气源参数

天然气管网节点	C_{GAS}/(美元/m³)	f_{Gmin}/(km³/h)	f_{Gmax}/(km³/h)
1	0.29	0	80
10	0.26	0	50

续表

天然气管网节点	C_{GAS}/(美元/m³)	f_{Gmin}/(km³/h)	f_{Gmax}/(km³/h)
26	0.28	0	80
35	0.30	0	50
51	0.27	0	60
66	0.28	0	80
71	0.26	0	60
86	0.27	0	80

B.2　第 7 章算例参数

（1）TEST1 计算模型参数

表 B-10　燃煤机组参数

电网节点	成本参数/[美元/(MW·h)]			P_{Gmin}/MW	P_{Gmax}/MW	P_{Gup}/(MW/h)	P_{Gdn}/(MW/h)	C_{Gon}/美元	C_{Goff}/美元	T_{Gon}/h	T_{Goff}/h	C_{EA_BE}/[美元/(MW·h)]
	C_{GA}	C_{GB}	C_{GD}									
30	0.02	35.62	85	50	300	120	120	280	280	2	2	—
31	0.02	32.63	83	50	300	120	120	250	250	2	2	10
38	0.02	35	27	50	300	120	120	250	250	2	2	10
39	0.02	40.04	58	50	300	120	120	280	280	2	2	—

表 B-11　燃气轮机机组参数

电网节点	天然气管网节点	P_{Gmin}/MW	P_{Gmax}/MW	P_{Gup}/(MW/h)	P_{Gdn}/(MW/h)	η_{GT}	LHV/(MJ/m³)	C_{Gon}/美元	C_{Goff}/美元	T_{Gon}/h	T_{Goff}/h	C_{EA_BE}/[美元/(MW·h)]
32	12	0	180	100	100	0.45	35.88	300	300	1	1	20
33/35	6/20	0	180	100	100	0.45	35.88	300	300	1	1	—

表 B-12　常规气源参数

天然气管网节点	C_{GAS}/(美元/m³)	f_{Gmin}/(km³/h)	f_{Gmax}/(km³/h)	C_{GA_BE}/(美元/m³)
1	0.28	0	120	0.05
5	0.30	0	120	—
8	0.28	0	120	0.05
14	0.26	0	60	—

表 B-13　电转气设备参数

电网节点	天然气管网节点	P_{TRmax}/MW	η_{TR}	LHV/(MJ/m³)
12/17	13/19	30	0.60	35.88

注：TEST1 计算模型中，电网 34、36 和 37 节点连接为风电场；31、32、38 节点所连接机组参与电网功率平衡调节；天然气管网 1、8 节点所连接气源参与天然气管网流量平衡调节。

（2）TEST2 计算模型参数

表 B-14　燃煤机组参数

电网节点	成本参数/[美元/(MW·h)]			P_{Gmin}/MW	P_{Gmax}/MW	P_{Gup}/(MW/h)	P_{Gdn}/(MW/h)	C_{Gon}/美元	C_{Goff}/美元	T_{Gon}/h	T_{Goff}/h
	C_{GA}	C_{GB}	C_{GD}								
19/24/65/66/77/85/87	0	41.5	35	10	100	40	40	200	200	2	2
25/26/27/49/54/103/104	0	55.6	42	15	150	60	60	250	250	3	3
55/56/70/72/73/74/76	0	40.8	47	10	100	40	40	200	200	2	2
59/61/62/69/80/89/100	0	40.1	40	30	250	100	100	280	280	3	3
90/91/92/99/105/107/110	0	50.2	42	30	200	80	80	280	280	3	3

表 B-15　燃气轮机参数

电网节点	天然气管网节点	P_{Gmin}/MW	P_{Gmax}/MW	P_{Gup}/(MW/h)	P_{Gdn}/(MW/h)	η_{GT}	LHV/(MJ/m³)	C_{Gon}/美元	C_{Goff}/美元	T_{Gon}/h	T_{Goff}/h
1/4/6/8/113/116	53/73/62/82/6/31	0	80	50	50	0.55	35.88	180	180	1	1
10/12/15/18/111/112	38/13/24/25/49/50	0	60	40	40	0.55	35.88	180	180	1	1

表 B-16　电转气设备参数

电网节点	天然气管网节点	P_{TRmax}/(MW)	η_{TR}	LHV/(MJ/m³)
22/35/43/67	4/29/52/72	30	0.60	35.88

表 B-17　常规气源参数

天然气管网节点	C_{GAS}/(美元/m³)	f_{Gmin}/(km³/h)	f_{Gmax}/(km³/h)
1	0.29	0	80
10	0.26	0	50
26	0.28	0	80
35	0.30	0	50
51	0.27	0	60

天然气管网节点	C_{GAS}/(美元/m³)	f_{Gmin}/(km³/h)	f_{Gmax}/(km³/h)
66	0.28	0	80
71	0.26	0	60
86	0.27	0	80

注：TEST 2 计算模型中，电网 31、32、34、36、40、42 和 46 节点连接为风电场；69、70、72、73、74、76、100、103、104、105、107、110、111、112、113 和 116 节点所连接机组参与电网功率平衡调节，燃煤机组调节费用为 10 美元/(MW·h)，燃气轮机机组调节费用为 20 美元/(MW·h)；天然气管网 1、26、66 和 86 节点所连接气源参与天然气管网流量平衡调节，调节费用为 0.05 美元/m³。

B.3　第 8 章算例参数

表 B-18　能源转换设备参数

设备	S^{min}/MW	S_j^{max}/MW	S^{up}/(MW/h)	S^{down}/(MW/h)	η
电转氢	0	4	—	—	0.85
甲烷化	0	1	—	—	0.80
燃料电池	0	2	—	—	0.60
燃气轮机 1/2	0	15	10	/10	转电：0.40 转热：0.35
燃气锅炉	0	10	8	8	0.75
电锅炉	0	10	8	8	0.85

表 B-19　储能设备参数

设备	Q^{dismax}/MW	Q^{chmax}/MW	E^{min}/(MW·h)	E^{max}/(MW·h)	ψ_h^{ch}	ψ_h^{dis}
储电	0.5	0.5	0	2	0.90	0.90
储氢	0.5	0.5	0	2	0.90	0.90

B.4　第 9 章算例参数

表 B-20　燃煤机组参数

电网节点	成本参数/[美元/(MW·h)]			P_{Gmin}/MW	P_{Gmax}/MW	P_{Gup}/(MW/h)	P_{Gdn}/(MW/h)	δ_G/[t/(MW·h)]
	C_{GA}	C_{GB}	C_{GD}					
10/12/15/18/19/24/25/110	0	25.12	85	6.25	62.5	22.5	22.5	0.88
26/27/31/32/36/46/49/105	0	35.25	27	10	115	37.5	37.5	0.96
54/55/56/59/61/62/65/104	0	37.25	83	10	100	37.5	37.5	1.00
66/69/70/72/73/74/76/100	0	29.17	58	6.25	62.5	22.5	22.5	0.98
77/80/85/89/90/92/99/103	0	33.35	27	10	100	37.5	37.5	1.00

表 B-21　燃气轮机机组参数

电网节点	P_{Gmin}/MW	P_{Gmax}/MW	P_{Gup}/(MW/h)	P_{Gdn}/(MW/h)	LHV/(MJ/m³)	δ_G/[t/(MW·h)]
1/4/6/8/111/112/113/116	0	200	70	70	35.88	0.40

表 B-22　P2G 设备参数

电网节点	P2G 容量/MW	η_{P2G}	P2G 的 CO_2 吸收量/[t/(MW·h)]	LHV/(MJ/m³)
22/35/43/67	125	0.70	0.14	35.88

附　录　C

附录 C 给出式（8-14）和式（8-15）一种较为简易的推导过程。

进行公式推导之前，这里先给出参数为 $(0, \theta)$ 的 Gumbel 分布的累计密度函数 $F(u_\tau)$ 及概率密度函数 $f(u_\tau)$ 为

$$F(u_\tau) = \exp[-\exp(-\theta u_\tau)] \tag{C-1}$$

$$f(u_\tau) = \theta \exp\{-[\theta u_\tau + \exp(-\theta u_\tau)]\} = \theta \exp(-\theta u_\tau) F(u_\tau) \tag{C-2}$$

由式（8-14），求解消费者选择第 1 个备选项的概率 $\mathcal{P}_1$。首先取 τ 为 Γ 和 $\Gamma-1$，对 u_Γ 及 $u_{\Gamma-1}$ 求解积分项，可得

$$\int_{u_{\Gamma-1}=-\infty}^{u_1+U_1-U_{\Gamma-1}} f(u_{\Gamma-1}) \left[\int_{u_\Gamma=-\infty}^{u_1+U_1-U_\Gamma} f(u_\Gamma) \mathrm{d}u_\Gamma \right] \mathrm{d}u_{\Gamma-1}$$
$$= \int_{u_{\Gamma-1}=-\infty}^{u_1+U_1-U_{\Gamma-1}} \left[\theta \exp(-\theta u_{\Gamma-1}) F(u_{\Gamma-1}) F(u_1 + U_1 - U_\Gamma) \right] \mathrm{d}u_{\Gamma-1} \tag{C-3}$$

令

$$Y = F(u_{\Gamma-1}) F(u_1 + U_1 - U_\Gamma) \tag{C-4}$$

并且可知，当 $u_{\Gamma-1} = -\infty$ 时，$Y = 0$。进一步有

$$\frac{\mathrm{d}Y}{\mathrm{d}u_{\Gamma-1}} = \frac{\mathrm{d}F(u_{\Gamma-1})}{\mathrm{d}u_{\Gamma-1}} F(u_1 + U_1 - U_\Gamma) = \theta \exp(-\theta u_{\Gamma-1}) F(u_{\Gamma-1}) F(u_1 + U_1 - U_\Gamma)$$
$$= \theta \exp(-\theta u_{\Gamma-1}) Y \tag{C-5}$$

根据积分换元法，式（C-3）即为

$$\int_{u_{\Gamma-1}=-\infty}^{u_1+U_1-U_{\Gamma-1}} \left[\theta \exp(-\theta u_{\Gamma-1}) Y \right] \mathrm{d}u_{\Gamma-1}$$
$$= \int_0^{F(u_1+U_1-U_{\Gamma-1})F(u_1+U_1-U_\Gamma)} \theta \exp(-\theta u_{\Gamma-1}) Y \frac{1}{\theta \exp(-\theta u_{\Gamma-1}) Y} \mathrm{d}Y \tag{C-6}$$
$$= F(u_1 + U_1 - U_{\Gamma-1}) F(u_1 + U_1 - U_\Gamma)$$

依次类推，反复用式（C-3）～式（C-6）的积分换元法，式（8-14）可表示为

$$
\begin{aligned}
\mathcal{P}_1 &= \int_{u_1=-\infty}^{\infty} f(u_1) \prod_{\tau=2}^{\Gamma} F(u_1 + U_1 - U_\tau) \mathrm{d}u_1 = \int_{u_1=-\infty}^{\infty} f(u_1) \prod_{\tau=2}^{\Gamma} F(u_1)^{\exp(\theta U_\tau - \theta U_1)} \mathrm{d}u_1 \\
&= \int_{u_1=-\infty}^{\infty} f(u_1) F(u_1)^{\sum_{\tau=2}^{\Gamma} \exp(\theta U_\tau - \theta U_1)} \mathrm{d}u_1 = \int_{u_1=-\infty}^{\infty} F(u_1)^{\sum_{\tau=2}^{\Gamma} \exp(\theta U_\tau - \theta U_1)} \mathrm{d}F(u_1) \\
&= \frac{1}{1 + \sum_{\tau=2}^{\Gamma} \exp(\theta U_\tau - \theta U_1)} = \frac{\exp(\theta U_1)}{\sum_{\tau=1}^{\Gamma} \exp(\theta U_\tau)}
\end{aligned} \tag{C-7}
$$

综上，得证。

彩　图

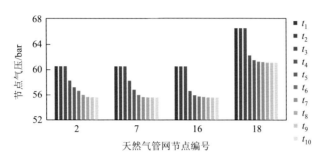

图 3-6　天然气管网准稳态过程的节点气压

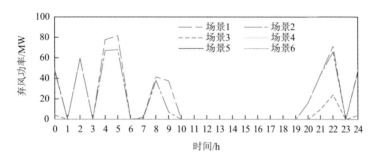

图 5-5　不同场景下弃风功率曲线

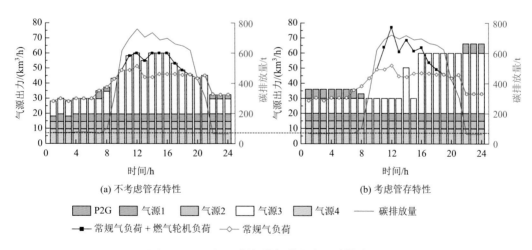

图 6-2　不同气源/燃气轮机的出力和碳排放对比

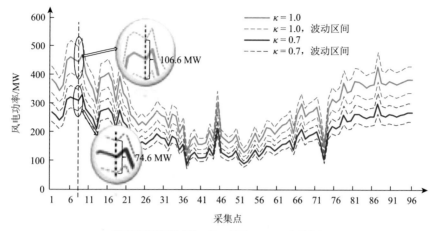

横坐标总时间尺度为 1 天，每隔 15min 一个采集点

图 7-1　风电功率期望值及波动区间

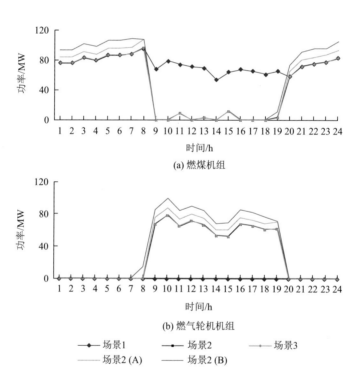

(a) 燃煤机组

(b) 燃气轮机机组

图 7-8　不同机组备用出力的优化结果

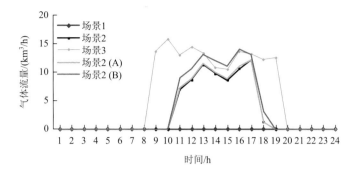

图 7-9　不同气源备用出力的优化结果

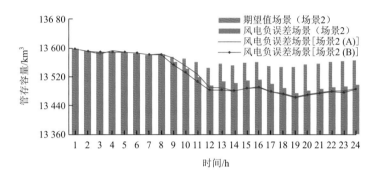

图 7-10　场景 2 在不同误差场景下的管存容量变化曲线

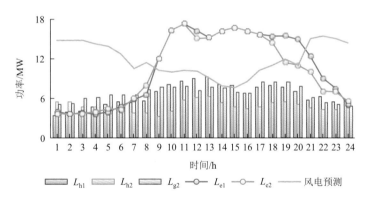

图 8-7　参考价格下风电预测出力和负荷需求

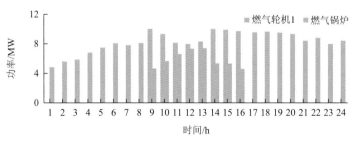

(a)

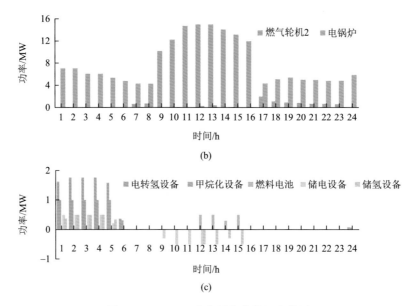

(b)

(c)

图 8-9　EGC-EC 内各设备优化调度结果

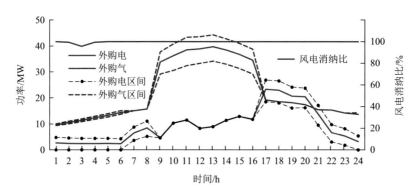

图 8-10　EGC-EC 外购能源及风电消纳曲线

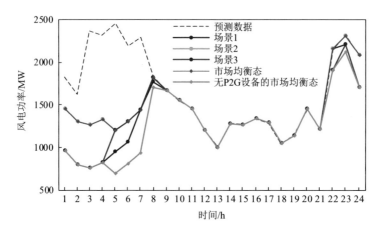

图 9-9　不同场景下的风电消纳曲线